梅依旧 著

儿童营养餐轻松做

视频版

中国轻工业出版社

图书在版编目（CIP）数据

儿童营养餐轻松做：视频版 / 梅依旧著 . — 北京：中国轻工业出版社，2021.1

ISBN 978-7-5184-3173-1

Ⅰ . ①儿… Ⅱ . ①梅… Ⅲ . ①儿童 - 保健 - 食谱 Ⅳ . ① TS972.162

中国版本图书馆 CIP 数据核字（2020）第 168198 号

责任编辑：付　佳　　　责任终审：李建华　　　整体设计：锋尚设计

策划编辑：付　佳　翟　燕　　　责任校对：晋　洁　　　责任监印：张京华

出版发行：中国轻工业出版社（北京东长安街6号，邮编：100740）

印　　刷：北京博海升彩色印刷有限公司

经　　销：各地新华书店

版　　次：2021年1月第1版第1次印刷

开　　本：710×1000　1/16　印张：12

字　　数：200千字

书　　号：ISBN 978-7-5184-3173-1　定价：49.80元

邮购电话：010-65241695

发行电话：010-85119835　传真：85113293

网　　址：http://www.chlip.com.cn

Email：club@chlip.com.cn

如发现图书残缺请与我社邮购联系调换

200389S3X101ZBW

目录

Part 1 制作儿童营养餐必知

Part 2 孩子爱吃的开胃餐

Part 3 营养早餐

Part 4 快捷午餐

Part 5 美味晚餐

Part 6 健康加餐

Part 7 日常调理餐

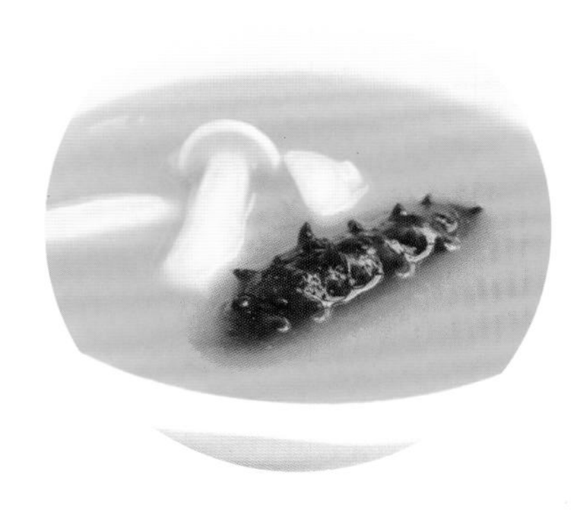

附录

Part 1

制作儿童营养餐必知

跟着“膳食指南”来做饭

儿童饮食特点

3~6岁学龄前儿童虽然已经能自主进食，吃“餐桌饭”了，但是由于生理和生长发育特点，每天应该遵循“三餐+两点”的模式。两正餐之间应间隔4~5小时，加餐与正餐之间应间隔1.5~2小时。加餐以奶类、水果为主，配以少量松软面点，注意加餐不能影响正餐。

学龄期儿童对热量和各种营养素的需求量更高了。虽然不用严格遵照“三餐+两点”，但合理加餐也是必要的。需要注意的是，早餐营养不足，会影响孩子的注意力和听课效率，所以早餐要丰富有营养。一份完美的早餐应该包括谷薯类主食、肉蛋奶豆等富含蛋白质的食物以及适量的蔬果。晚餐则不宜过饱、过于油腻，以免增加胃肠道负担，诱发肥胖，影响睡眠。

孩子越小，脂肪相对需求量越多

根据《中国居民膳食指南2016》建议：0~6个月婴儿脂肪供能比为48%，6~12个月婴儿为40%，1~3岁幼儿为35%，4岁之后为20%~30%。所以孩子越小，对脂肪的需求量越大。

脂肪在体内发挥着重要作用，为我们的生命活动提供热量、构成人体组织（特别是大脑发育）、调节体温、保护内脏器官、促进维生素吸收等。正确适量地摄入脂肪，有利于孩子身体健康。

儿童食谱烹饪特点

在烹调方式上，尽量少用油炸、炭烤、煎等高温烹调方式，宜采用蒸、煮、炖、煨的方式。少用或不用味精、鸡精等调味品，可选天然香料，如葱、蒜、洋葱、柠檬、香草等调味。

学龄前		学龄期
植物油 20~25克		植物油 20~25克
奶及奶制品 350~500克；大豆 15克		奶及奶制品 300克；大豆 15克
肉蛋水产 70~105克	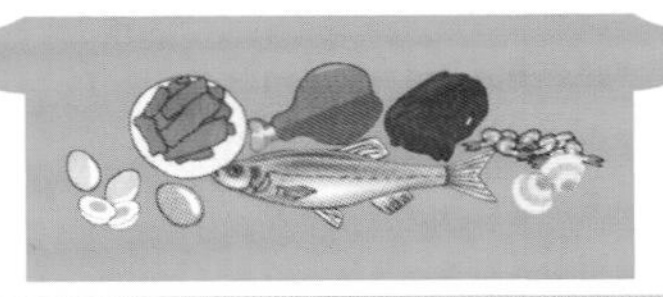	肉蛋水产 105~120克
蔬菜 250克左右；水果 100~150克		蔬菜 300克左右；水果 150~200克
谷类 100~150克		谷类 150~200克

水果和蔬菜不可相互替代

众所周知，多吃蔬菜、水果，有利于身体健康。尽管蔬菜和水果在营养功效方面有很多相似之处，比如都富含钾、维生素C、膳食纤维，但它们有各自的特点。我们不能简单地通过吃水果来替代蔬菜。

水果热量、酸度高于蔬菜

从热量角度看，水果更甜，含有更多的碳水化合物、有机酸和芳香物质。因此一般孩子更容易接受水果而不是蔬菜。但用水果代替蔬菜，有可能会导致体内血糖水平升高，引发龋齿和肥胖。

蔬菜植物化学物含量更高

蔬菜种类繁多，含有更多具有抗氧化、抗感染、调节免疫等作用的植物化学物。

吃法有别

除了番茄、黄瓜等，一般蔬菜都需要加热烹饪。而水果不经烹调可以直接食用，可以保存更多的营养物质。

需要指出的是，蔬果榨汁以后，其营养成分会发生变化，维生素和矿物质大量流失，热量、含糖量大幅提高，所以新鲜的蔬果更有营养，不能用蔬果汁替代完整的蔬果。

一年有四季，孩子饮食各有侧重

四季气候特点各有不同，对人体的影响也是不同的。孩子在各个季节的消化能力、生长都各有特点，所以不同季节的饮食应该有不同的侧重点。

春季生长快，重点补充蛋白质、钙

春季万物生发，父母也会发现孩子在春天长得比较快，这时营养跟上很重要。优质蛋白质要合理摄入，及时补充富含钙和维生素D的食物，如奶及奶制品、虾皮、海鱼、紫菜、绿色蔬菜、豆制品、芝麻、香菇等，都是补钙的好选择。

夏季容易食欲不佳，食物要易消化

夏季孩子出汗多，体力消耗大，食欲普遍不太好，食物应清淡质软、易消化、富含水分。少吃煎炸、油腻、辛辣食品，多喝温水，少喝冷饮、少吃雪糕，以保护肠胃功能。可以采取少食多餐的办法，适当多吃应季蔬果。

秋季不要着急贴秋膘

刚从夏季进入秋季的时候，孩子脾胃还没有调整好，此时如果急着贴秋膘，特别是吃大鱼大肉，会骤然加重脾胃负担，从而导致消化功能紊乱。所以，初秋可先补调理脾胃的食物，给脾胃一个调整适应的过程。

秋季孩子的饮食以润燥养肺为主，多吃白萝卜、雪梨、银耳等润肺去燥的食物。

冬天不要过分进补

冬天天气寒冷干燥，基本饮食原则是敛阴护阳。冬天给孩子多吃些温性食物，如酒酿小圆子、香芋南瓜煲、红烧羊肉等，使孩子获得足够的热量以增强御寒能力。

如何让“无肉不欢”的孩子爱上蔬菜

随着孩子年龄的增加，挑食的比例也有所上升，其中不喜欢蔬菜的儿童人数最多。

让孩子熟悉各种蔬菜的味道

孩子5~8个月时是养成口味最为重要的时期，如果从小偏爱吃肉，不爱吃蔬菜，长大后就可能不爱吃蔬菜。因此，培养孩子爱吃蔬菜的习惯要从添加辅食时开始，在孩子相应月龄里添加各种蔬菜，让孩子熟悉不同蔬菜的味道。

改变蔬菜外观 >>>

改变蔬菜的形状，可将蔬菜切碎、剁成菜泥或是做成蔬菜汁。刚开始添加蔬菜时量不要太多，循序渐进地添加。

市面上有各种可爱的食物模具，能将蔬菜和其他食材做出不同造型。食物变可爱了，孩子会更愿意尝一尝。

使用不同的烹调方式 >>>

想让孩子喜欢上蔬菜，也得在烹调方式上下功夫。同样的蔬菜，利用不同的烹调方式，可以做出完全不同的味道。

米饭中加入蔬菜一起烹调，做成蔬菜饭，可丰富食物颜色，颜色鲜艳的食物对孩子也是很有吸引力的。

或是将肉类和蔬菜做成包子馅儿、饺子馅儿、馄饨馅儿等，或者是做成杂蔬饼、杂蔬饭等，都能让孩子在不知不觉中吃进蔬菜。

盐、味精等调味品怎么添加才健康

大多数家庭给孩子做饭的时候都在纠结要不要添加调味品、添加多少。盐、味精的添加可是有讲究的，下面就来聊一聊这个话题。

咸 盐 >>>

需要指出的是，1岁内的孩子不用添加任何调味品，包括糖、盐、蜂蜜、酱油等。

根据膳食推荐量可知，1~3岁每日钠摄入量是700毫克，简单折算，1.8克盐都不到（2.5克盐中含有1克钠）；4~6岁每日钠摄入量是900毫克，2.3克盐都不到；7~10岁每日钠摄入量是1200毫克，3克盐都不到；11岁开始才接近成人，即相当于6克盐。

所以孩子的饮食始终强调清淡，少盐、少油、少糖、不辛辣。

味精 >>>

味精的主要成分是谷氨酸钠，虽然能使食物味道更鲜美，但是其中含不少钠，也是隐形盐的来源。所以1岁内也不建议添加味精或鸡精。

对孩子来说，调味品越晚加、越少加越好。

解读长高密码，科学补充重点营养素

父母都希望孩子长得又高又壮，除了遗传因素，良好的营养供给也很重要。想长个儿，这些营养素不可少。

优质蛋白质 >>>

富含优质蛋白质的食物有：瘦肉、动物血、去皮禽肉、鱼、虾、蛋类、奶及奶制品、大豆（黄豆、黑豆、青豆）及其制品等。

钙 >>>

富含钙的食物有：奶及奶制品、大豆及其制品、芝麻酱、香菇、海带等。其中奶及奶制品是孩子每天必备品。

维生素D >>>

富含维生素D的食物有：海鱼、奶及奶制品、芝麻酱、香菇、蛋黄等。总体来说，食物中所含维生素D普遍不高。

晒太阳是合成维生素D的好方法，所以孩子每天应该有1小时的户外运动。

铁、锌

>>> 富含铁的食物有动物血、动物肝脏、红肉，富含锌的食物有牡蛎、牛肉、动物肝脏。虽然有的植物性食物中也含有铁、锌，但吸收率没有动物性食物好。

需要注意的是，铁、锌的缺乏不但会影响食欲、引起贫血，还会降低免疫功能、影响生长发育和智力。

碘

>>> 富含碘的食物主要是海产品，特别是紫菜、海带、干贝、海鱼等。

缺碘会影响甲状腺的功能，引起呆小症，其主要表现是智力低下、身材矮小、听力障碍等。

注：本书食谱中除橄榄油、香油，其他植物油未在调料中体现。
书中有的食谱为了实际操作方便，并不局限于一人份。

Part 2

孩子爱吃的开胃餐

蛋包饭
（主食）

扫二维码看
操作视频

关键营养素

碳水化合物、B 族维生素

做法

1 韭菜烫好备用；黄瓜、火腿洗净，切丁。

2 鸡蛋打散备用。

3 锅内倒油，下香葱末炒香，下黄瓜丁、火腿丁、玉米粒翻炒。

4 倒入米饭翻炒均匀。

5 调入盐炒匀出锅。

6 锅内放少许油，倒入打散后的鸡蛋，转动锅子，使鸡蛋液均匀地铺满锅底，摊成蛋皮。

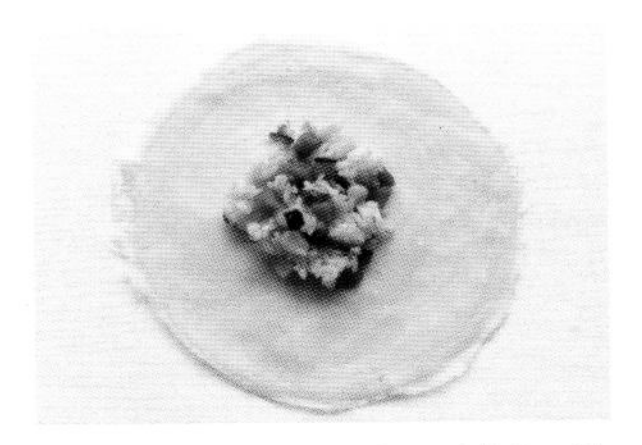

7 取出蛋皮，放入炒好的米饭，用蛋皮包裹米饭。

8 用烫过的韭菜叶扎紧蛋皮即可。

食材

米饭1小碗，鸡蛋2个，玉米粒、黄瓜、火腿各20克，韭菜2棵。

调料

香葱末10克，盐2克。

如果摊蛋皮时总是开裂，可以在蛋液中加少量面粉。

樱花寿司

（主食）

扫二维码看
操作视频

关键营养素

碳水化合物、钙

食材

米饭1碗，海苔1张，黄瓜、火腿肠各1根，鸡蛋2个。

调料

寿司醋5克，鱼松粉、沙拉酱各适量。

1 鱼松粉和寿司醋可以在网上或者大型超市购买，鱼松粉没有也可以不放，口感和味道会不太一样。没有寿司醋也可以自己做：2克盐，20克白糖，50克白米醋，调匀即可。

2 寿司最好现吃现做，不要用隔夜剩米饭，现煮的米饭口感最好。需要注意的是，尽量把米饭与食材贴合紧，不然容易散开。

3 也可以把沙拉酱换成酸奶，打造不一样的口感。

做法

1 米饭煮好后趁热加入寿司醋，拌匀。

2 鸡蛋打散，倒入锅中摊成蛋皮，卷起。

3 黄瓜、火腿肠、蛋皮切条。

4 在寿司卷帘上铺一层保鲜膜，然后放上半张海苔，铺上一层米饭。海苔的一端铺满，一端留出大约1.5厘米的空余，不要放米饭。

5 黄瓜条、火腿肠条、蛋皮条放在米饭上，抹上沙拉酱。

6 将饭团卷起来。

7 用卷帘压成一边尖的水滴状。

8 切段。

9 在寿司表面粘上一层鱼松粉即可。

锦绣小豆沙包
（主食）

扫二维码看
操作视频

关键营养素

碳水化合物、
B 族维生素

食材

面粉200克，红豆馅120克，发酵粉2克。

面条不宜搓得太粗，否则包出来的豆沙包太大，不易熟，也不好看。

做法

1 将面粉、酵母粉放入盆中，加入温水和成面团（略软些）。

2 放到温暖处醒发至2倍大。

3 面团和红豆馅各分成6份。

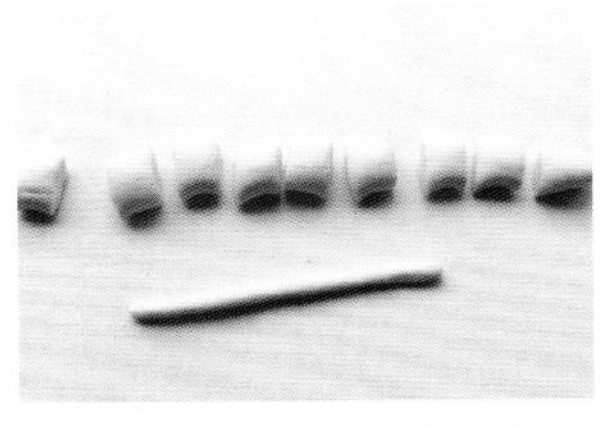

4 取1个面团，分成10个剂子，将每个剂子搓成圆面条。

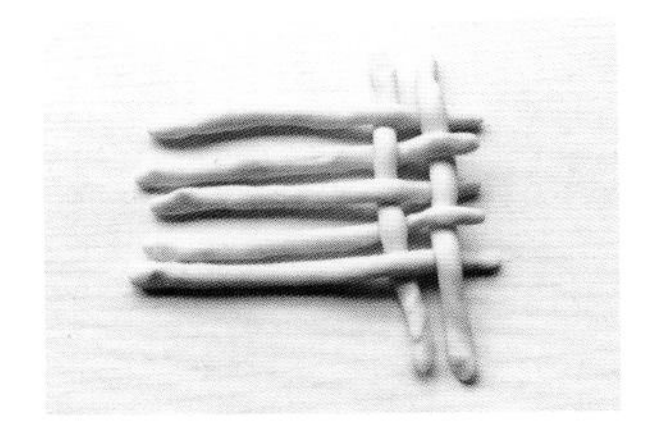

5 把面条编成如图的图案。

6 放入红豆馅，切去四边。

7 收拢所有的面条，去掉多余部分，包好。

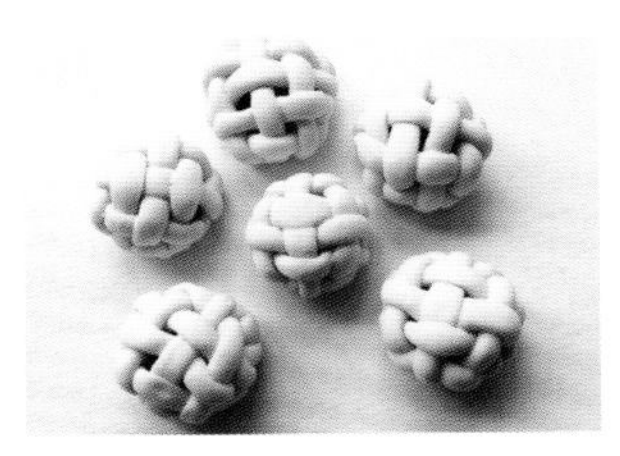

8 将包好的豆沙包二次醒发30分钟。

9 入锅蒸20分钟即可。

南瓜奶黄包
（主食）

扫二维码看
操作视频

面团材料

净南瓜120克，中筋面粉200克，酵母2克。

奶黄馅材料

牛奶50克，发酵淡黄油15克，白糖20克，鸡蛋1个，玉米淀粉25克。

烹饪 Tips

1 南瓜的含水量不同，用量也不一样，酌情加减。
2 关火后，在锅中闷5分钟再揭开锅盖，避免奶黄包回缩、塌皮。

做法

1 南瓜洗净，去皮去子，切块，上锅蒸熟。

2 将南瓜和面粉、酵母一起放入盆中。

3 揉成光滑的面团。

4 发酵至2倍大。

5 面团发酵期间来做奶黄馅。将牛奶、发酵淡黄油、白糖、鸡蛋、玉米淀粉放入小锅中。

6 加热煮至浓稠状，加热过程中不断搅拌，避免煳底。

7 奶黄馅盛出，凉凉。

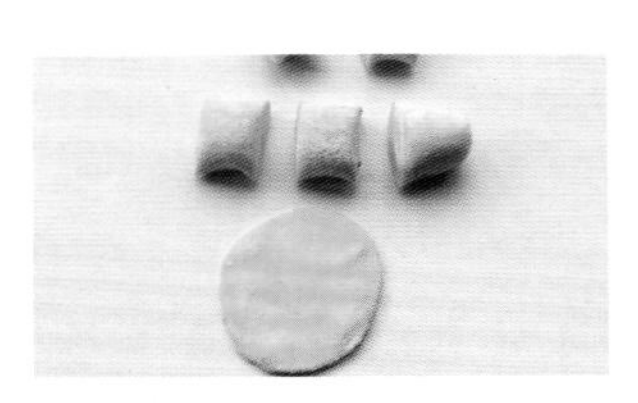

8 面团排气后，分成剂子，擀皮。

9 包入奶黄馅。

10 收口朝下，上面压一个窝。

11 用刮板压上花纹，二次发酵30分钟。

12 放入锅中，隔水蒸，上汽后15分钟左右，关火，在锅中闷5分钟出锅即可。

生煎包
（主食）

关键营养素

碳水化合物、铁

食材

面粉、猪肉馅各200克，酵母2克，鲜笋100克，黑芝麻少许。

调料

香葱末10克，盐2克，甜面酱6克，料酒8克，香油适量。

烹饪 Tips

做水煎包馅料不能太湿，面皮也不要太软太薄，否则受热后会出汤，滋味也就随着汤汁跑掉了。

做法

1 面粉、酵母中加入温水和成面团，醒发30分钟。

2 猪肉馅中调入盐、甜面酱、料酒、香油，顺一个方向搅拌均匀。

3 鲜笋洗净，去外皮，切片，焯水，捞出。

4 笋片切末，与香葱末一起放入肉馅中，拌匀。

5 取一块面团揉匀，下剂，擀皮。

6 放入馅料，包成包子。

7 锅中淋少许油，将包子生坯放入锅中。

8 盖上盖煎2分钟，倒入清水，水量稍没过包子底即可。

9 撒少许黑芝麻，淋入少许油，撒香葱末，再盖锅盖焖煎5分钟。底部呈焦黄色时离火即可。

香葱肉饼
（主食）

食材

面粉100克，酵母2克，猪肉馅150克，香葱末50克。

调料

香油5克，盐2克，生抽10克。

烹饪 Tips

1 这款肉饼用的是半发面。

2 如果怕不熟，或者烙出的饼硬，可以中途在锅底喷少许水，然后盖上盖子焖一下，最后再去盖把皮煎脆就行了。

做法

1 面粉、酵母放入盆中，加水和成面团，醒发30分钟，不需完全发酵。

2 猪肉馅调入食用油、盐、香葱末10克、香油、生抽，拌匀。

3 取出面团分成6份，揉圆。

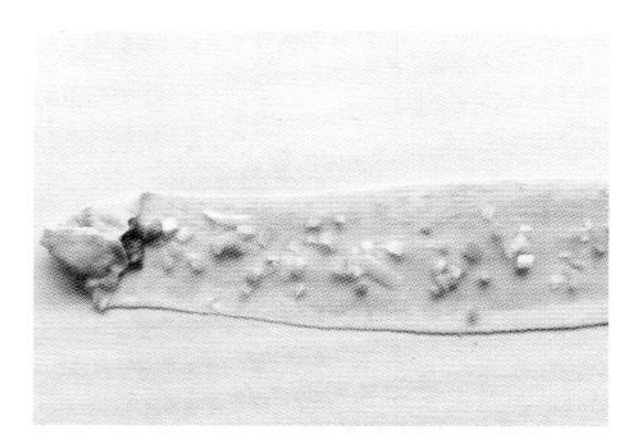

4 取一份面团擀成长条，在一端涮油，撒适量香葱末，放上肉馅。

5 从一端边抻边卷，卷好后按扁。

6 放入电饼铛中烙熟。如果电饼铛烙出的饼发硬，中间喷点水，以保持湿润。

香菇肉丝汤面
（主食）

食材

鲜面条50克，油菜心1棵，鲜香菇1朵，瘦肉丝30克。

调料

生抽5克，淀粉2克。

烹饪 Tips

1 做好的面条中可淋入香油调味。

2 配菜也可根据自己的喜好换成生菜、小白菜等。

做法

1 油菜心洗净；鲜香菇洗净，去蒂，切成细丝。

2 瘦肉丝加生抽、淀粉拌匀。

3 锅中放入少许油，将肉丝炒至变色，放入香菇丝，炒熟出锅。

4 锅中放入清水，煮开后下入面条，临出锅前放入油菜心。

5 面条煮熟后盛入碗中，放入炒好的香菇肉丝和油菜心即可。

蒜香虾佐意面
（主食）

扫二维码看
操作视频

关键营养素
锌、钙

做法

1 先把一锅加盐（额外备）的水煮沸，下意面，开始时不断搅拌，以防粘在一起。按包装上建议时间煮即可，注意提前1分钟左右捞出。

2 煮面过程中，把欧芹洗净切碎，口蘑洗净切片。

3 虾洗净，去壳、去头、去虾线。

4 锅中放入橄榄油，放入虾仁煸炒至变色，盛出备用。

5 下蒜末、欧芹碎炒香，放入口蘑片炒软，加入盐、黑胡椒、白葡萄酒调味。

6 将煮熟的意面、虾放入锅中翻炒，撒欧芹碎再次调味，即可出锅装盘。

食材

虾8只，意面50克，口蘑4个。

调料

盐2克，蒜末10克，欧芹15克，白葡萄酒20克，黑胡椒、橄榄油各适量。

1 煮面时水要宽，加点盐面条更筋道。

2 准备一只汤锅和一只炒锅同时开始，汤锅煮面，炒锅做酱，7~8分钟即可上桌，节约时间。

五彩山药
（热菜）

食材

山药、胡萝卜、玉米粒、红甜椒、青豆各50克。

调料

盐2克，葱末5克，香油适量。

做法

1 山药、胡萝卜洗净、去皮，切丁；红甜椒洗净，切块。

2 锅中加清水，放入玉米粒、青豆焯熟，捞出沥水。

3 锅中放油，烧热后，下葱末炒香，放入山药丁、胡萝卜丁翻炒。

4 再将玉米粒、青豆放入锅中炒匀，出锅时放入红甜椒块，调入盐、香油，炒匀即可。

山药去皮时可戴上手套，以防山药的黏液刺激皮肤。

香芒青瓜百合
（热菜）

食材
中型芒果1个，黄瓜1根，百合50克。

调料
盐2克，水淀粉15克。

做法

1 芒果去皮、去核，切丁；黄瓜洗净，切丁；百合洗净，掰成片。

2 锅中放油，油热后放入黄瓜丁、百合翻炒，炒至百合变透明。

3 再放入芒果丁翻炒。

4 调入盐，倒入水淀粉，翻炒均匀即可出锅。

烹饪Tips

1 炒制的时间不宜过长，都是易熟的食材，且盐味不宜过重。

2 为了保持清爽的口感和色泽，这道菜尽量不放酱油。

咕噜肉
（热菜）
扫二维码看
操作视频
关键营养素
蛋白质、
维生素 C

食材

猪肉（前臀尖）200克，菠萝半个，柿子椒、胡萝卜各50克，鸡蛋1个。

调料

盐1克，淀粉2克，生抽、白糖、番茄酱、白醋各10克，面粉适量。

复炸可以让肉的口感更酥脆。

做法

1 柿子椒、胡萝卜洗净，切片；菠萝取肉，切片。

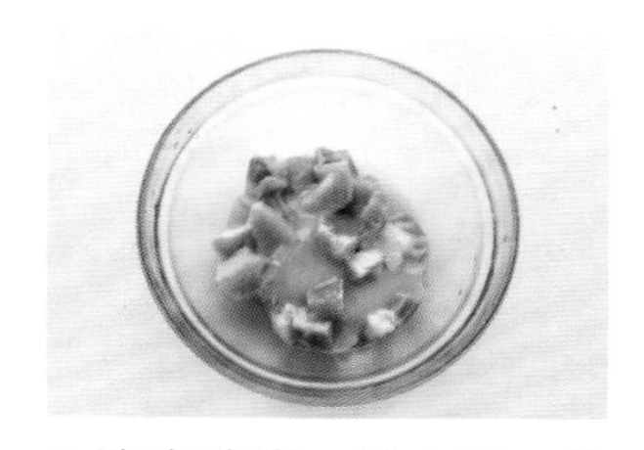

2 猪肉洗净，切小块，放入碗中，放入盐，打入鸡蛋拌匀。

3 碗里调入生抽、白糖、淀粉、白醋，制成料汁。

4 将猪肉块全部裹上面粉。

5 锅内油烧热，下肉块炸制，待肉表皮变硬即可捞出。

6 等到锅里的油温再次升高，放入肉块复炸一次，捞出控油。

7 锅烧热放少许油，放入番茄酱炒出红汁，倒入料汁，烧至稍微变浓稠。

8 放入菠萝片和柿子椒片、胡萝卜片炒匀，放入炸好的肉块，大火快炒几下，将肉块裹上番茄汁即可。

番茄牛腩

（热菜）

食材

牛腩450克，番茄2个。

调料

大料1个，桂皮1块，盐3克，葱段、姜片各适量，生抽10克。

用高压锅炖牛肉，再加番茄炒，更省时省力。

做法

1 牛腩泡水30分钟，将牛腩切小块。

2 牛腩块凉水入锅，水烧开煮3分钟。

3 牛腩块捞出冲洗干净，放入锅中，加入姜片、大料、葱段、桂皮，大火烧开。

4 调入盐，转小火煮至软烂。

5 番茄洗净，切十字刀，放入开水中烫一下，去皮。

6 番茄切块。

7 起锅烧油，下入番茄块翻炒。

8 炒匀后倒入牛腩块。

9 调入生抽，炖至汤汁浓稠即可出锅。

菠萝鸡丁
（热菜）

食材

鸡胸肉、菠萝各100克，豌豆粒50克。

调料

生抽、番茄酱各8克，蚝油、淀粉各3克。

烹饪 Tips

1 菠萝去皮后可放入淡盐水中略泡，口感更好。

2 由于加了生抽、番茄酱，咸味已经够了，不用额外加盐。

做法

1 菠萝去皮，切丁。

2 将鸡胸肉洗净切丁，放入大碗中，加淀粉、蚝油，腌15分钟。

3 豌豆粒洗净，焯水备用。

4 锅中放入油，油热后下鸡丁翻炒至变色，调入番茄酱和生抽，炒匀。

5 下入豌豆粒、菠萝丁翻炒均匀即可出锅。

蜜汁烤翅
（热菜）

食材

鸡翅10个。

调料

甜面酱20克，料酒、蚝油、生抽各10克，白糖5克，胡椒粉3克，蜂蜜少许。

烹饪 Tips

烤盘中铺锡纸，可以刷一层油防粘，特别是普通烤盘必须要铺锡纸，蜂蜜糖分高，粘到烤盘上很难清洗。

做法

1 鸡翅洗净，用刀划两刀，放入碗里，调入甜面酱、蚝油、生抽、白糖、料酒、胡椒粉拌匀。腌制3小时，或冷藏过夜。

2 烤盘中铺锡纸，放入鸡翅，刷调好的蜂蜜液。

3 烤箱预热180℃，待烤箱预热好后，放入烤盘，上下火，中层，烤20分钟左右，中间翻面一次，刷蜂蜜液，烘烤时间依据自家烤箱而定。

鱼片卷蔬菜
（热菜）

食材

鲷鱼60克，芦笋5根，胡萝卜30克。

调料

生抽、蒸鱼豉油各5克，香油适量，香葱5根。

烹饪 Tips

1 买鱼的时候尽量选鱼刺少的。

2 鱼肉极易熟，所以不用蒸太长时间，不然口感很柴。

做法

1 鲷鱼洗净，切蝴蝶片，就是两片连一起。

2 芦笋洗净，去老根，切段；胡萝卜洗净，切条。

3 将鱼片打开，放上芦笋段和胡萝卜条。

4 卷好，用香葱扎起来。

5 放入鱼盘中，将鱼盘送入沸水锅中，大火蒸5～8分钟即可。

6 将生抽、蒸鱼豉油、香油调成味汁。取出蒸好的鱼，倒掉盘中的水，淋入味汁即可。

西湖醋鱼
（热菜）

扫二维码看
操作视频

关键营养素
蛋白质

食材

草鱼600克。

调料

生抽10克，绍兴黄酒、大红浙醋各30克，胡椒粉3克，白糖12克，姜末5克，水淀粉适量，盐2克。

烹饪 Tips

1 草鱼不要太大，否则口感不够鲜嫩。煮鱼时，可用筷子扎一下，若能轻松扎进去，即是熟了。

2 如果没有大红浙醋，可用香醋替代。

做法

1 草鱼治净，用锋利的刀连鱼头片成两大片。

2 鱼背不要切断，并在鱼背上厚肉处分别划斜刀。

3 炒锅内放大半锅水煮沸，将相连的鱼片入水，鱼皮朝上，大火煮3分钟后。用漏勺小心地将鱼捞出，装盘待用。

4 留适量煮鱼汤，调入生抽、绍兴黄酒、白糖、姜末、盐、胡椒粉和大红浙醋。

5 大火将汤汁烧滚，最后勾入水淀粉，用大勺搅动，烧成红亮的芡汁。

6 将汤汁均匀淋于两片煮熟的鱼肉上即可。

胡萝卜鸡丸汤
（汤羹）

关键营养素
蛋白质

食材

鸡胸肉100克，胡萝卜50克，鸡蛋1个。

调料

香葱末10克，盐1克，生抽5克，淀粉2克，香菜段、胡椒粉、香油各适量。

丸子不要做得太大，锅中的水烧至微开下丸子。水滚开时下丸子，丸子会散掉。

做法

1 胡萝卜洗净去皮，切块后与鸡胸肉一起放入料理机中打成泥。

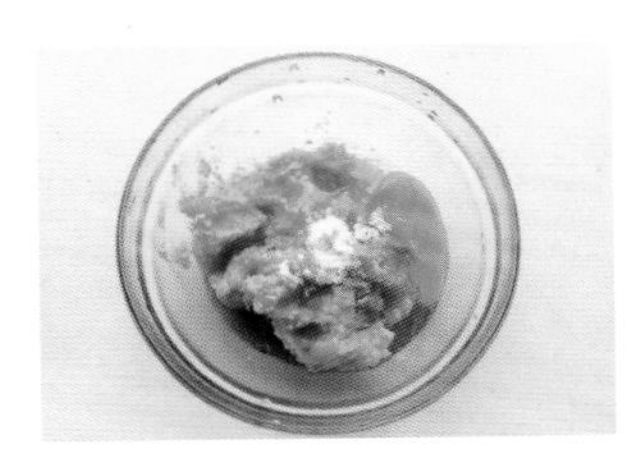

2 将鸡肉泥放入碗中，调入盐、生抽、鸡蛋、淀粉、胡椒粉、香油、香葱末朝一个方向搅拌上劲。

3 锅中加水煮至微开，用小勺将鸡肉泥团成球状，不要太大，放入锅中。

4 丸子依次下入锅内，煮至浮起。

5 撇去浮沫，撒入香菜段即可。

原盅椰子鸡汤

（汤羹）

扫二维码看
操作视频

关键营养素

蛋白质、
膳食纤维

食材

椰子2个，土仔鸡半只，枸杞子15克，红枣6颗。

调料

姜片、葱段各5克，料酒10克，盐2克。

做法

1 在超市选这种开口的椰子。

2 红枣、枸杞子泡软。

3 椰子开口倒出椰汁。

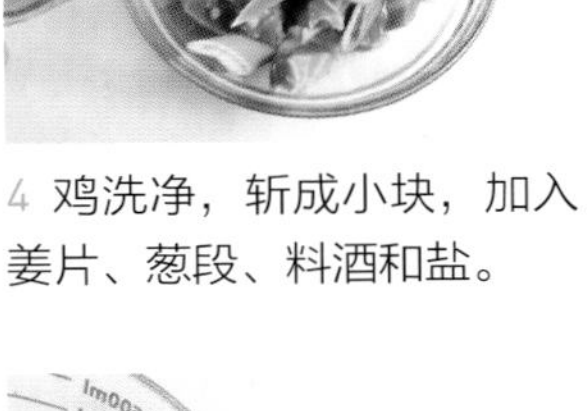

4 鸡洗净，斩成小块，加入姜片、葱段、料酒和盐。

5 用手抓至黏手起胶，蒸出的鸡会特别嫩滑。

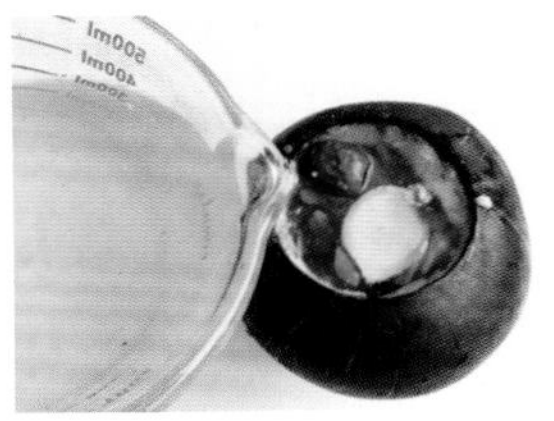

6 把红枣、枸杞子塞到椰子壳里，放入鸡块。倒入椰汁，注意不要加水，这样做出来的鸡汤才鲜甜。

7 盖上椰盖，将椰子放在一个小碗上面，放入蒸锅中。

8 盖上盖子，大火烧开后转中火蒸1小时即可。

烹饪 Tips

1 最好选择小土鸡，或者大鸡腿也可以，油少不腻，才能与椰子的清爽相搭。

2 最好在超市选购开口的椰子。

3 烹饪时用椰汁，不可加水，才能做出真正的“原盅”味道。

意式蔬菜汤

（汤羹）

扫二维码看
操作视频

关键营养素

维生素 C、
膳食纤维

食材

番茄1个，胡萝卜、土豆、洋葱、紫甘蓝各30克，口蘑2个。

调料

蒜末15克，番茄酱10克，欧芹碎、橄榄油各适量，盐少许。

烹饪 Tips

没有欧芹，可以不放，或者放香菜也可以。

做法

1 番茄洗净，划十字，用开水烫后去皮，切块。

2 口蘑洗净，切片；胡萝卜、土豆、洋葱、紫甘蓝洗净，土豆去皮、切块，其他蔬菜直接切块。

3 锅中放入橄榄油，下洋葱块、蒜末爆香。

4 下胡萝卜块、土豆块、紫甘蓝块、口蘑片炒匀。

5 放入番茄块炒软，调入盐、番茄酱略炒。

6 放适量清水，烧开后转小火煮10分钟，出锅前撒欧芹碎即可。

翡翠面片汤

（汤羹）

扫二维码看
操作视频

关键营养素

碳水化合物、
膳食纤维

食材

菠菜150克，面粉100克，番茄、鸡蛋各1个。

调料

葱末10克，盐2克，香油适量。

菠菜汁的浓度不同，面粉的吸水量不同，所以用量也不同，菠菜汁要一点一点地加，和好的面团要稍硬些为好。

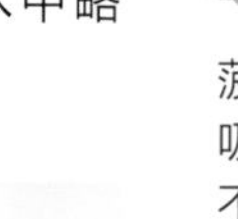

做法

1 菠菜择洗净，入沸水焯烫1分钟，捞出过凉。

2 番茄洗净，放沸水中略烫，捞出去皮，切块。

3 菠菜稍挤水分，切段，放进搅拌机，加水，打成菠菜汁。

4 面粉中加入1克盐，一点一点地倒入菠菜汁，揉成光滑偏硬的面团。面团覆盖保鲜膜，静置醒发。

5 鸡蛋磕入碗中，打散。

6 取出面团，擀成薄片，切条。

7 炒锅放油烧热，放入葱末炒香，下番茄块炒软。

8 倒入足量水，烧开，将面条揪成小片，放入锅中。

9 面片煮熟后，淋入蛋液，不停搅拌。

10 调入1克盐，关火，淋入香油搅匀即可。

干贝菠菜汤
（汤羹）

食材
菠菜200克，干贝60克，北极虾80克。

调料
盐2克，香油适量。

做法

1 将洗净的菠菜焯烫一下。

2 将干贝洗净，略泡后与北极虾一起放入锅中，一次性加足量的清水，大火烧开，转小火煮5分钟。

3 干贝、北极虾煮出鲜味，下菠菜煮开。

4 调入盐、香油即可关火。

烹饪 Tips
菠菜要提前焯水，去除草酸。

Part 3

营养早餐

生滚牛肉蔬菜粥

（主食）

食材

牛肉70克，大米30克，小油菜1棵。

调料

姜丝、生抽各5克，白胡椒粉、淀粉各2克。

1 水烧开后再放入大米不易粘底。

2 如果牛肉一下全部放入，很可能会出现受热不均的情况，所以要一片一片地放入。

做法

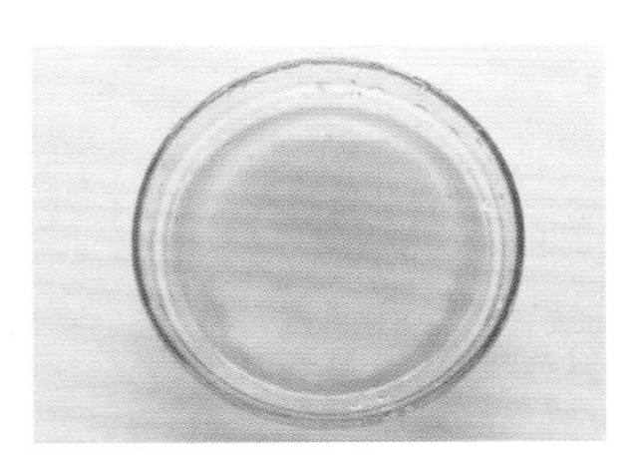

1 大米淘洗干净，加水浸泡1小时。

2 锅中加适量水，大火烧沸，放入大米煮开，改小火煮至黏稠。

3 牛肉洗净、切片，加入生抽、食用油、淀粉、姜丝，抓匀，腌渍15分钟。

4 小油菜洗净，切碎。

5 煮至粥浓稠时放入牛肉片，迅速搅散，放入姜丝、白胡椒粉。

6 改大火煮至牛肉片变色，下小油菜碎略煮，关火即可。

菠萝炒饭

（主食）

扫二维码看操作视频

关键营养素

碳水化合物、维生素C

食材

菠萝半个，米饭1碗，黄瓜、胡萝卜各30克，火腿肠1根，鸡蛋1个。

调料

盐2克，番茄酱10克，香葱末5克。

烹饪 Tips

1 为了省时间，可以买去皮的菠萝，回来直接切粒炒制。

2 米饭也可以不用先炒，和配料一起炒，但不如分开炒口感松散。

做法

1 火腿肠、黄瓜、胡萝卜洗净，切粒。

2 菠萝取出果肉，切粒，留壳备用。

3 米饭中打入鸡蛋，拌匀。

4 锅中放油，下米饭炒至松散，盛出。

5 锅中另放油，放入香葱末炒香，倒入黄瓜粒、火腿肠粒、胡萝卜粒、菠萝粒翻炒。

6 放入米饭炒匀，调入盐、番茄酱炒熟，盛入菠萝壳内即可。

虾仁蛋炒饭
（主食）

食材

米饭1碗，火腿肠1根，菜心1棵，虾仁30克，鸡蛋2个。

调料

香葱末10克，盐1克。

1 虾仁没过油，是提前焯熟的，可减少油脂的摄入量。
2 最好用剩米饭，口感松散好吃。

做法

1 火腿肠切粒；菜心洗净，切粒。

2 虾仁焯熟。

3 鸡蛋打入碗中，打散。

4 锅烧热放油，下鸡蛋炒散，盛出备用。

5 锅中不再放油，下香葱末炒香，放入火腿肠粒、菜心粒炒匀。

6 倒入米饭、鸡蛋炒散。

7 倒入虾仁炒匀。

8 调入盐，炒匀出锅即可。

草莓粢饭团
（主食）

扫二维码看
操作视频

关键营养素
碳水化合物、
铁

食材

热米饭1碗，肉松20克，黄瓜30克，油条、火腿肠各1根，榨菜10克，黑芝麻少许。

调料

鱼松粉5克，沙拉酱、黑芝麻各适量。

做法

1 黄瓜洗净，去皮，皮切小片和条，做成草莓蒂。

2 去皮的黄瓜切丁；火腿肠切丁；油条切段。

3 米饭中加入鱼松粉，拌匀。

4 铺上保鲜膜，放上米饭，放上肉松。

5 放上油条段、黄瓜丁、火腿肠丁、榨菜，挤上沙拉酱。

6 用保鲜膜包裹，整成草莓形状。

7 取出饭团，装饰上黑芝麻和草莓蒂即可。

1 鱼松粉可用蔬菜粉代替，或者用红心火龙果汁也可。

2 这款饭团用到了油条、火腿肠，热量较高，且有促食的作用，但不宜经常食用。如果想低脂，也可不用油条。

胡萝卜虾泥馄饨
（主食）

关键营养素
维生素 C、钙

做法

1 胡萝卜洗净，切丁；虾仁洗净，去虾线；将胡萝卜丁、虾仁放入料理机中，打成泥。

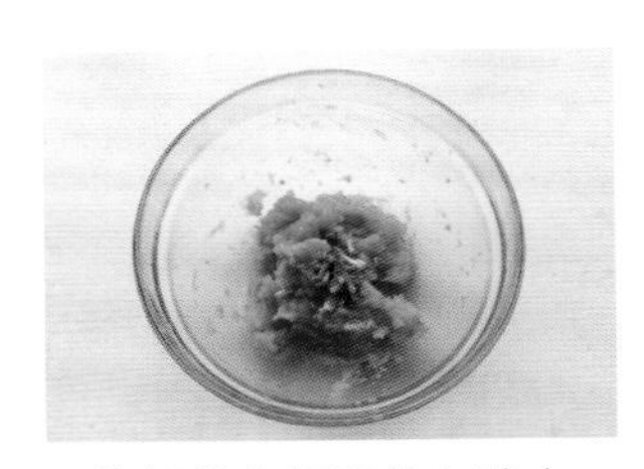

2 将胡萝卜虾泥放入碗中，调入盐、生抽、胡椒粉、香油、香葱末拌匀。

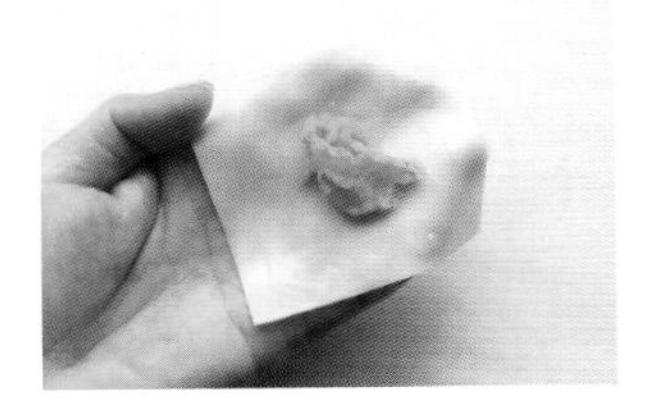

3 取馄饨皮，放入馅。

4 对折后，将两个角捏紧，制成馄饨生坯。

5 小白菜洗净，切碎。

6 锅中加水烧开，下入馄饨生坯煮熟。

7 下小白菜碎烫一下，即可关火盛出。

食材

馄饨皮10个，胡萝卜30克，鲜虾仁50克，小白菜1棵。

调料

盐1克，生抽5克，胡椒粉2克，香葱末10克，香油适量。

烹饪 Tips

想让馅口感更弹滑，也可加入蛋清搅拌。

叉烧包
（主食）

扫二维码看
操作视频

面团材料

面粉200克，白糖、酵母粉各2克。

叉烧馅材料

五花肉150克，盐、白糖各2克，蚝油5克，叉烧酱15克，面粉、玉米淀粉各20克。

烹饪 Tips

1 面团里没添加泡打粉和溴粉，所以不会像饭店里的叉烧包会开花。
2 最后一步蒸制，关火后闷5分钟再揭盖，能避免叉烧包塌陷变形。

做法

1 面粉、白糖、酵母粉放入盆中，加水和成面团。

2 五花肉切成宽长条（5厘米宽即可），焯水后放凉。

3 五花肉横切成片，再改刀切成丁，调入盐、白糖、蚝油、叉烧酱拌匀。

4 再放入面粉、玉米淀粉、适量清水，拌匀。

5 上锅蒸15分钟左右，蒸熟取出，稍微搅拌制成叉烧馅。

6 面团发酵至有蜂窝状。

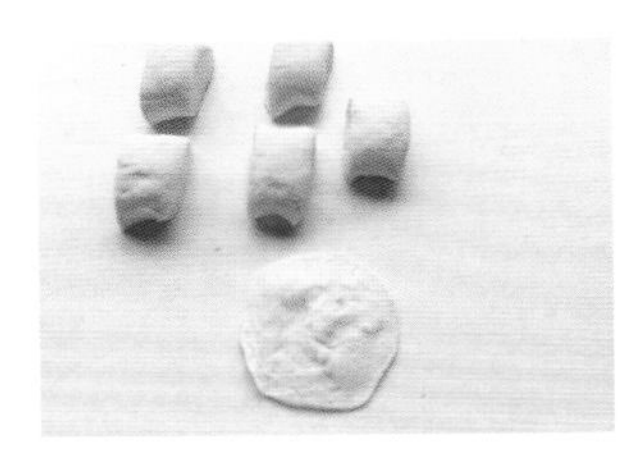

7 把面团揉一下，分成剂子，擀成中间稍厚边缘薄的面皮。

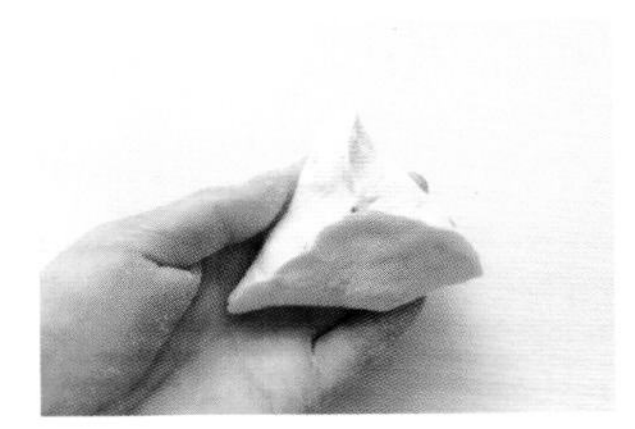

8 放入叉烧馅，捏成三角形。

9 将三个角收拢，捏紧。

10 静置发酵30分钟，放到上汽的蒸锅中大火蒸15分钟左右，关火后闷5分钟即可。

鲜虾烧卖
（主食）
关键营养素
蛋白质、钙

食材

五花肉、鲜虾各100克，鲜香菇1朵，饺子皮6个，胡萝卜适量。

调料

盐1克，生抽5克，白胡椒粉2克，香油适量。

烧卖皮是超市买的饺子皮，也可以自己做，用鸡蛋和面，然后擀成圆形的皮。

做法

1 鲜虾去壳、虾线，预留出6个虾仁；将五花肉、剩余虾仁、香菇放入料理机中打成泥，制成馅。

2 将馅放入碗中，调入盐、生抽、白胡椒粉、香油，朝一个方向搅拌上劲。

3 用擀面杖将饺子皮边压一下，像荷叶边一样。

4 取皮，多装一点馅，因为不封口，所以不用考虑馅放多了。

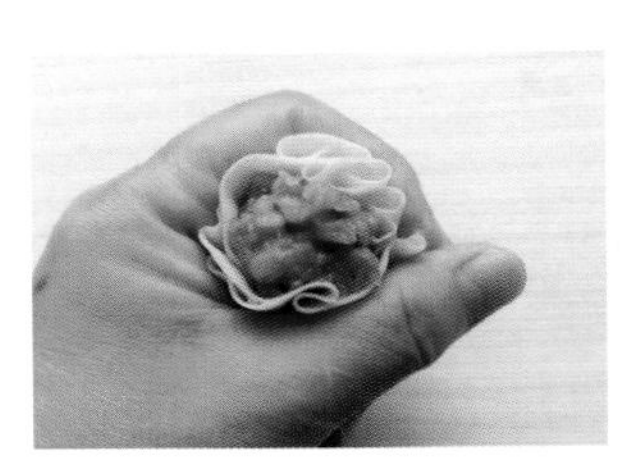

5 用手稍微捏成花盆状。

6 放上一个虾仁。

7 胡萝卜洗净切片，将胡萝卜片垫在烧卖下面，隔水蒸20分钟，关火闷片刻即可。

扫二维码看操作视频

关键营养素

碳水化合物、膳食纤维

芹菜鸡蛋软饼

（主食）

食材

芹菜50克，鸡蛋2个，面粉60克，火腿肠30克，芹菜叶10克。

调料

盐、胡椒粉各2克。

烹饪 Tips

如果没有电饼铛，可在平底锅中烙制。

做法

1 芹菜择洗净，切段，放入料理机中打碎；火腿肠切丁。

2 将打碎的芹菜碎倒入碗中，放入火腿丁、洗净的芹菜叶。

3 加入鸡蛋、面粉、盐、胡椒粉拌匀制成面糊。

4 面糊放置10分钟。

5 电饼铛涮油，舀入面糊，摊成薄饼即可。

阳春面
（主食）

食材

鸡蛋面条40克，洋葱半个。

调料

生抽5克，猪油20克，鸡汁、香葱末10克。

烹饪 Tips

1 阳春面用猪油是很关键的一点，阳春面清汤白面，看似无味，实际上精华都在洋葱油里，一定要用猪油才能确保香味。用植物油味道会差一些。

2 阳春面最重要的就是炸洋葱油，紫皮洋葱的味道比较香，要小火慢慢炸出洋葱的香味。

做法

1 洋葱洗净，切丝；锅中放入猪油，下洋葱丝，小火慢炸至金黄色，制成洋葱油。

2 舀一勺洋葱油放入碗中。

3 调入生抽、鸡汁（没有鸡汁可以不放），冲入沸水。

4 另取锅，加水，下入面条煮熟。将面条捞入汤碗中，撒上香葱末即可。

鸭汤煨面
（主食）

关键营养素

蛋白质、碳水化合物

食材

鸭肉100克，油菜1棵，蔬菜面条30克。

调料

葱段、姜片各5克，料酒10克，盐、胡椒粉各2克，香油适量。

面中的蔬菜配菜可根据自己的喜好搭配。

做法

1 鸭肉洗净，切块。

2 鸭块放入砂锅中，加入适量清水，煮开后撇去浮沫。

3 放入葱段、姜片、料酒，大火烧开，转小火煲约1小时，加盐，再煮30分钟。

4 另取一锅，加适量水煮沸，放入面条烫约1分钟，捞起沥干备用。

5 取瓦煲，舀入适量鸭肉和鸭汤，加入面条、洗净的油菜，煨至熟。

6 调入胡椒粉、香油即可。

日式北极虾乌冬面
（主食）

关键营养素
铁、
碳水化合物

柴鱼高汤材料

干海带30克，柴鱼片（木鱼花）20克。

乌冬面材料

乌冬面1包，海葡萄3克，北极虾10只，日式酱油、味淋各5克，白糖2克。

烹饪 Tips

1 日式酱油一定要后放，放早了汤会变酸，咸味不够可加盐，不要多加酱油。

2 乌冬面不用放过多的配菜，吃原汁原味的柴鱼味。没有海葡萄可以放紫菜。

做法

1 干海带浸泡30分钟，中小火煮10分钟。

2 转小火，加入柴鱼片，煮约30秒，撇去浮沫，关火。

3 静置到柴鱼都沉到锅底，过滤，即为柴鱼高汤。

4 柴鱼高汤倒回锅中，放入处理好的北极虾煮开，关火。

5 加入日式酱油、味淋、白糖。

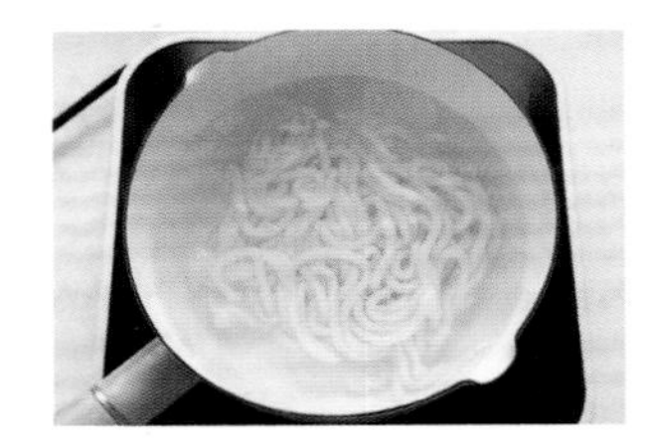

6 锅中加水，下乌冬面煮熟。

7 将乌冬面捞入碗中，倒入煮好的柴鱼高汤，放上北极虾、海葡萄即可。

番茄肉酱通心粉
（西餐主食）

扫二维码看
操作视频

关键营养素

碳水化合物、蛋白质

食材

通心粉、猪肉末各30克，洋葱40克，番茄1个。

调料

蒜末5克，番茄酱8克，盐、胡椒粉、白糖各2克，芝士粉（即奶酪粉）适量，橄榄油少许。

没有芝士粉也可以不放。

做法

1 番茄洗净，划十字，热水浸泡后去皮，切丁；洋葱洗净，切末。

2 锅中放入橄榄油，倒入猪肉末炒至变色，盛出备用。

3 锅中留底油，下蒜末、洋葱末爆香，再将肉末倒入锅中。

4 加入番茄丁炒软。

5 调入盐、胡椒粉、番茄酱、白糖炒匀。

6 烧至汤汁浓稠。

7 锅中放入水，下通心粉，加些橄榄油和1克盐，大火煮8分钟，捞出。

8 将番茄肉酱浇在通心粉上，撒芝士粉即可。

关键营养素

碳水化合物、维生素 D

金枪鱼牛油果三明治

（西餐主食）

食材

吐司2片，金枪鱼罐头30克，牛油果1个，番茄2片。

调料

沙拉酱适量。

烹饪 Tips

也可以用酸奶代替沙拉酱。

做法

1 金枪鱼加沙拉酱拌匀。

2 取一片吐司，铺匀拌好的金枪鱼。

3 牛油果去皮，切片，摆在吐司上。

4 放上番茄片。

5 盖上另一片吐司即可。

吐司蛋奶烤布丁
（西餐主食）

食材
吐司2片，蔓越莓干15克，牛奶200克，鸡蛋1个，玉米粒20克。

调料
白糖10克。

烹饪 Tips

1 先预热烤箱，可节省时间。

2 这款布丁铺了两层，烤15分钟，如果铺一层，10分钟就可搞定。若铺得比较厚，必须增加烘烤时间。

做法

1 牛奶、鸡蛋、白糖混合后搅打均匀。

2 吐司切小块，铺一层在烤碗中。

3 撒上玉米粒。

4 再铺一层吐司块，撒上蔓越莓干，慢慢倒入蛋奶液。预热烤箱200℃，中层，上下火烘烤15分钟左右即可。

生菜鸡肉卷
（西餐主食）

扫二维码看
操作视频

关键营养素

蛋白质、
膳食纤维

做法

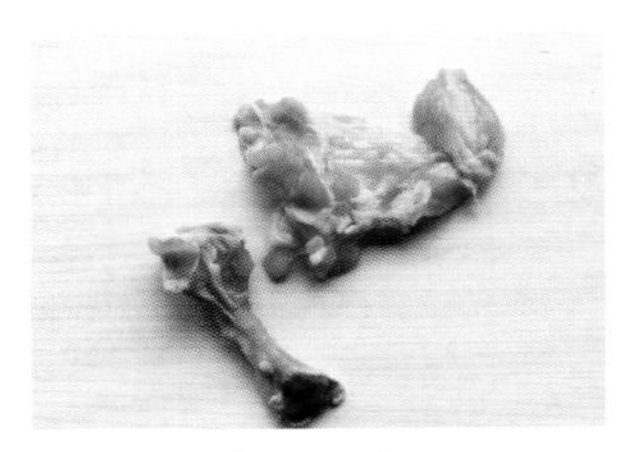

1 鸡翅根去骨取肉。

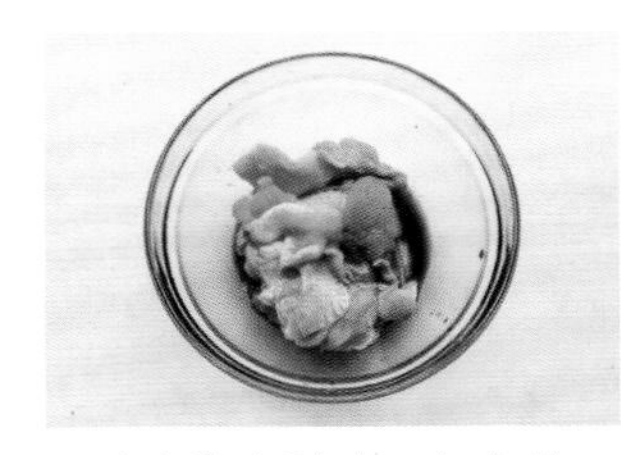

2 鸡肉放入碗中，加入盐、生抽、胡椒粉，腌30分钟。

3 不用放油，将鸡肉直接放入锅中，小火煎熟，盛出备用。

4 锅中放少许油，将手抓饼放入锅中烙熟。

5 生菜洗净；胡萝卜洗净，切丝，略焯。

6 手抓饼上铺上生菜，放上鸡肉和胡萝卜丝。

7 卷起就可以吃了。

食材

鸡翅根4个，儿童手抓饼4张，绿生菜叶、紫生菜叶各4片，胡萝卜40克。

调料

盐、胡椒粉各2克，生抽10克。

烹饪 Tips

1 如果买不到儿童手抓饼，可用普通手抓饼。

2 也可用鸡胸肉来做，口感比鸡翅根要柴一点。鸡翅根个儿比较小，正好一个饼卷一个。

北极虾吐司盏

（西餐主食）

扫二维码看
操作视频

关键营养素
钙、蛋白质

食材

吐司2片，北极虾4只，鹌鹑蛋4个，马苏里拉奶酪碎、黄瓜、胡萝卜各20克。

调料

黑胡椒粉少许。

做法

1 黄瓜、胡萝卜洗净，切粒。

2 用小勺取出北极虾的虾子，没有虾子的直接去皮。

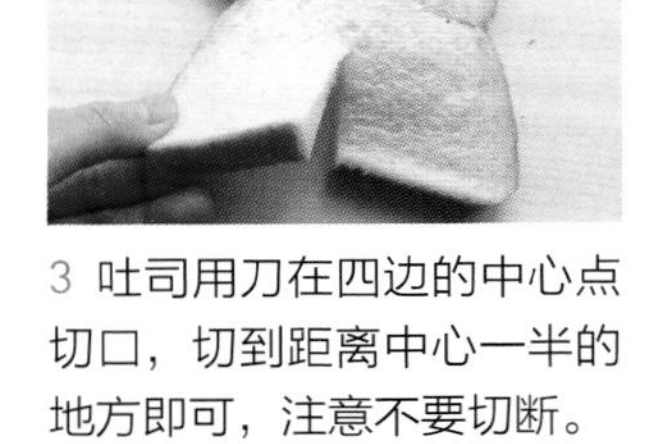

3 吐司用刀在四边的中心点切口，切到距离中心一半的地方即可，注意不要切断。

4 将吐司片小心地放入烤碗中，错开摆放。

5 放入马苏里拉奶酪碎。

6 放入胡萝卜粒、黄瓜粒，打入鹌鹑蛋，喜欢吃辣味可以撒点黑胡椒粉等，然后放入北极虾。

7 预热烤箱190℃，中层，上下火烘烤8分钟左右，待鹌鹑蛋熟透。

8 出炉后，放上虾子即可。

开始做时先预热烤箱，省时。可把蔬菜提前切丁，装盒冷藏备用，省力。

鲜奶炖蛋
（热菜）

关键营养素
钙、蛋白质

食材

牛奶200克，鸡蛋2个，白糖20克。

如果上层蛋奶液还没变硬，可适当延长蒸制时间。

做法

1 鸡蛋磕入碗中，不要打出泡，搅匀即可。

2 将牛奶和白糖入锅，用小火慢慢煮，煮至微开状态即可。

3 牛奶凉至温热，慢慢倒入蛋液。

4 用细漏网把搅拌均匀的蛋液过滤2遍。

5 把蛋奶液倒入小碗中，加盖锡纸。

6 上蒸锅，大火蒸15分钟左右即可。

番茄厚蛋烧
（热菜）

扫二维码看
操作视频

关键营养素
蛋白质

食材

番茄1个，鸡蛋2个，秋葵2根。

调料

盐1克。

烹饪 Tips

出锅后也可以将蛋卷放在寿司帘上定型，去掉卷帘，把蛋卷切块装盘即可。

做法

1 秋葵洗净，焯水捞出。

2 番茄洗净，划十字，用开水烫后去皮，切丁。

3 鸡蛋打散，放入番茄丁，加入盐，搅拌均匀。

4 锅中抹油，倒入一半番茄蛋液，摊匀。

5 放入秋葵。

6 煎至定型，从一端卷起。

7 倒入剩下的番茄蛋液，煎至定型。

8 将第一次煎好的蛋卷向回卷起裹好定型，出锅切段即可食用。

虾仁拌菠菜

（凉菜）

食材

净虾仁80克，菠菜200克。

调料

生抽5克，醋10克，蚝油3克，香油适量。

烹饪 Tips

菠菜用焯虾仁的水煮，可以让菠菜也保有鲜美的口感。

做法

1 将菠菜洗净，切段。

2 在锅中加水，水沸后放入虾仁，焯熟。

3 生抽、醋、蚝油、香油调成料汁。

4 菠菜段放入焯虾仁的水中，略焯后捞出，控干放凉。

5 将菠菜段放入大碗中，加入虾仁。

6 淋上料汁即可。

红糖醪糟荷包蛋
（汤羹）

食材

醪糟（米酒）50克，红糖15克，鸡蛋1个。

烹饪Tips

根据个人喜好掌握鸡蛋成熟度，红糖也可按自己的口味增减。

做法

1 红糖放入锅中，加适量清水，烧至微开。

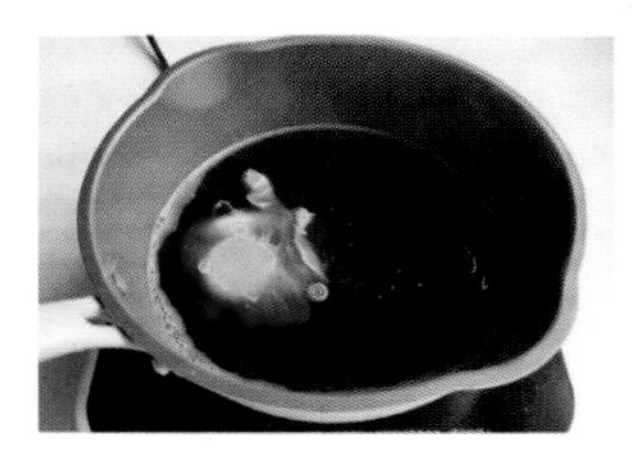

2 打入鸡蛋，煮至凝固。

3 下入醪糟（米酒）。

4 煮开即可关火。

Part 4 快捷午餐

五彩腊肠饭

（主食）

扫二维码看
操作视频

食材

大米100克，广式腊肠1根，胡萝卜、紫薯、豌豆粒、玉米粒各30克。

做法

1 广式腊肠切片；胡萝卜、紫薯洗净，去皮，切丁。

2 大米洗净，放入电饭锅中，加清水浸泡15分钟。

3 将广式腊肠片、胡萝卜丁、紫薯丁、洗净的玉米粒和豌豆粒倒入电饭锅中，加适量水，按下“煮饭”键。

4 提示做好，开盖拌匀即可。

烹饪 Tips

1 蔬菜可根据自己的喜好搭配。

2 有的人喜欢将腊肠饭拌好后再加点酱油。但由于腊肠饭本来含有不少盐，健康吃法是不再加其他调料。

茄汁肉丁饭
（主食）

关键营养素

蛋白质、碳水化合物

食材

猪里脊80克，番茄1个，米饭1碗，土豆50克，口蘑2个。

调料

生抽、蒜末各5克，胡椒粉、淀粉各2克，番茄酱8克。

做法

1 猪里脊洗净，切丁，调入胡椒粉、淀粉抓匀，腌制10分钟。

2 锅烧热放入油，下蒜末炒香，下肉丁炒至变色。

3 番茄、土豆、口蘑洗净，切丁，下入锅中翻炒。

4 调入番茄酱、生抽炒匀。

5 加适量清水，炖至食材软烂。

6 米饭做成卡通模样。

7 放到炒好的茄汁肉丁上即可。

米饭也可不做卡通样，团成饭团放在茄汁肉丁上，更简单。

苋菜蛋炒饭
（主食）

做法

1 苋菜洗净，切末。

2 鸡蛋打入米饭中，搅拌均匀。

3 锅中放油，下米饭炒散，盛出备用。

4 锅中留底油，下蒜末炒香，放入苋菜末炒熟。

5 下米饭炒均。

6 调入盐，炒匀出锅即可。

食材

米饭1碗，鸡蛋1个，苋菜100克。

调料

蒜末10克，盐1克。

蒜末可增香提味，不可省略。

红烧牛腩面
（主食）

扫二维码看
操作视频

关键营养素
锌、蛋白质

食材

牛肉300克，鲜面条150克。

调料

香葱1根，大料、草果各1个，香叶1片，生抽、冰糖各10克，盐2克，老抽、番茄酱各3克。

做法

1 牛肉洗净，切块。

2 牛肉块冷水下锅，焯水后捞出备用。

3 锅中放油，放入冰糖炒化。

4 加入番茄酱炒出红汁。

5 倒入牛肉块翻炒均。

6 放入生抽、老抽、大料、草果、香叶、香葱，倒入适量清水。

7 大火烧开，转小火炖至牛肉块软烂，调入盐再炖10分钟。

8 锅中加水，烧开后下面条，煮熟，捞入碗中，浇上牛肉和汤汁即可。

没有冰糖也可以用白糖，没有番茄酱可用番茄替代，只是口感略有不同。

扫二维码看操作视频

蔬菜肉丁拌面

（主食）

食材

鸡蛋面条40克，猪肉80克，西芹、胡萝卜各30克，鲜香菇2朵。

调料

蚝油、生抽各5克，胡椒粉、淀粉各2克。

做法

1 猪肉洗净，切丁，调入蚝油、胡椒粉、淀粉抓匀，腌制10分钟。

2 西芹、胡萝卜、香菇洗净，切丁。

3 油锅烧热，放肉丁炒至变色，下入各种蔬菜，加老抽、适量清水，炖至肉烂即可。

4 另取锅，加入清水，下面条煮熟，捞入碗中，浇上炒好的菜即可。

因为调料里有蚝油、生抽，可以不用加盐。

丝瓜烧毛豆
（热菜）

关键营养素
碳水化合物、B族维生素

食材
丝瓜300克，毛豆100克。

调料
蒜片10克，盐1克，水淀粉少许。

烹饪Tips
毛豆粒提前烧至熟烂，与丝瓜同烧时要大火速成，保持色绿清香。

做法

1 毛豆洗净，剥出豆粒，放入锅中，加入少许盐、适量水煮熟，捞出。

2 锅中放入油，油热后下蒜片爆香，放入去皮切块的丝瓜煸炒至软。

3 放入毛豆粒，加少量水。

4 烧煮约1分钟，待丝瓜块入味后，加水淀粉勾芡，出锅即可。

五福包
（热菜）

扫二维码看
操作视频

食材

饺子皮10个，鳕鱼100克，胡萝卜丁20克，玉米粒、豌豆粒各10克，菠菜2棵，柠檬半个。

调料

葱末5克，盐1克，胡椒粉、淀粉各2克。

烹饪 Tips

1. 最好选择刺少的鱼，如巴沙鱼、龙利鱼、鲷鱼等。
2. 也可全部用蔬菜做五福包，或者将鳕鱼换成鸡肉、牛肉等肉类来做。

做法

1 每张饺子皮上刷薄薄一层油，10张叠起来。

2 饺子皮的侧面刷一层油。

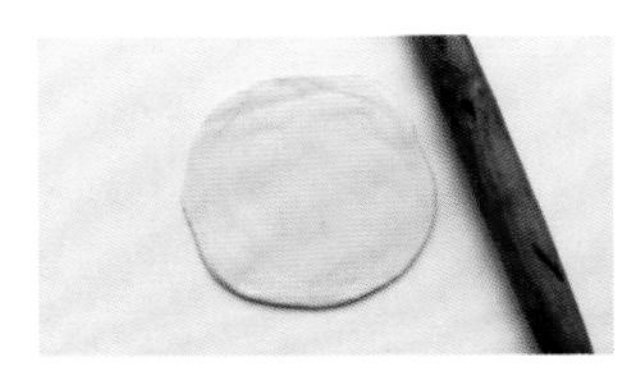

3 擀至20厘米宽的皮。

4 饺子皮放入蒸锅中，大火蒸10分钟。

5 鳕鱼洗净、切丁，挤上几滴柠檬汁。

6 调入胡椒粉、淀粉抓匀。

7 玉米粒、豌豆粒洗净，下锅焯水。

8 菠菜择洗干净，下锅焯水。

9 锅中放油，放入鳕鱼丁炒至变色，盛出。

10 锅中留底油，放入葱末炒香，下胡萝卜丁炒软。

11 放入玉米粒、豌豆粒、鳕鱼丁炒匀，加入盐调味，出锅即可。

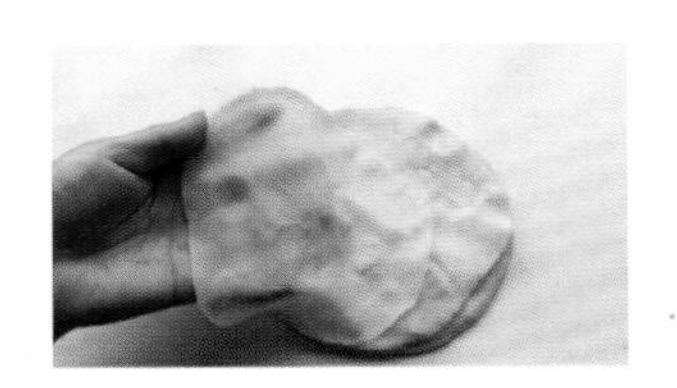

12 取出饺子皮，一张张揭开。

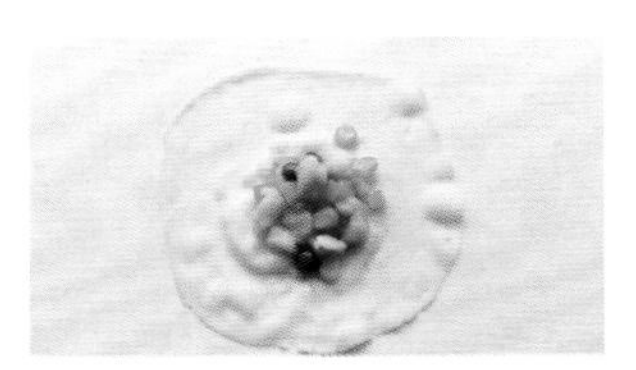

13 饺子皮上放上炒好的蔬菜鱼丁。

14 用菠菜扎紧即可。

鱼香嫩豆腐
（热菜）

扫二维码看
操作视频

食材

嫩豆腐350克，水发木耳30克，胡萝卜20克。

调料

泡椒碎5克，酱油12克，水淀粉、醋、料酒、蒜末、姜末各8克，白糖15克。

烹饪 Tips

1 泡椒是鱼香菜的灵魂，最好不要省略，怕辣的话可以少放。

2 鱼香汁的比例：酱油15克，醋10克，料酒10克，白糖20克，蒜5瓣，姜10克，泡椒5个，水淀粉10克。这是500克食材的量，可随材料的多少增减。

做法

1 嫩豆腐洗净，切成大小相等的块；胡萝卜洗净，切丝。

2 将酱油、醋、料酒、白糖放入调料碗中，加30克水，调成鱼香汁备用。

3 锅中水烧沸，放入木耳焯熟捞出，可以防止炒时爆锅。

4 锅中放入少许油，下豆腐块煎至两面金黄，盛出。

5 锅中留底油，下蒜末、姜末、泡椒碎煸香。

6 下入胡萝卜丝翻炒。

7 下豆腐块、木耳，倒入调好的鱼香汁。

8 稍微炖上3分钟入味，倒入水淀粉勾芡即可出锅。

彩椒牛柳
（热菜）

扫二维码看
操作视频

关键营养素

蛋白质、
维生素 C

食材

牛里脊150克，红甜椒、柿子椒、黄甜椒各30克。

调料

生抽、蚝油各5克，胡椒粉3克，淀粉2克，盐少许。

1 腌牛里脊时淀粉不要放太多，否则黏糊糊的会影响口感。

2 腌好的牛肉下锅前加一勺食用油能起到保湿且润滑的作用，口感会更加软嫩。

3 用刀从垂直于牛里脊纹理的方向切下，不要切成牛肉丝了，要有一定粗度。

做法

1 红甜椒、柿子椒、黄甜椒洗净，切丝。

2 牛里脊洗净，横切成粗条，调入蚝油、胡椒粉、淀粉抓匀，腌制15分钟。

3 炒锅中加入适量油烧热，放入腌制好的牛肉条煸炒至八成熟。

4 放入柿子椒丝、甜椒丝煸炒30秒。

5 加少许盐、生抽翻炒均匀即可。

叉烧鸡片
（热菜）

关键营养素
蛋白质、
胡萝卜素

食材

鸡胸肉150克，芹菜、胡萝卜各30克。

调料

叉烧酱15克，生抽5克，淀粉2克。

烹饪 Tips

1 腌肉时淀粉不要太多，否则黏糊糊的会影响口感。

2 腌好的鸡片下锅前加一勺食用油能起到保湿且润滑的作用，口感会更加软嫩。

做法

1 芹菜洗净，切段；胡萝卜洗净，切片。

2 鸡胸肉洗净，切片，放入碗中，加叉烧酱拌匀。

3 放入淀粉抓匀，加少许油拌匀。

4 炒锅烧热，加入适量油烧热，放入腌制好的鸡片煸炒至变色。

5 下芹菜段、胡萝卜片翻炒。

6 加少许生抽翻炒均匀即可。

香煎鳕鱼

（热菜）

食材

净鳕鱼2段（180克），柠檬半个，生菜叶2片。

调料

盐1克，胡椒粉2克，橄榄油少许。

烹饪 Tips

1 鳕鱼不宜长时间煎制，会使口感变柴。

2 鳕鱼煎好后配生菜食用，更美味。

3 鳕鱼配橄榄油，无论是味道还是营养，都比一般植物油更好。

做法

1 鳕鱼放入碗中，加盐、胡椒粉。

2 挤上几滴柠檬汁，腌制10分钟。

3 锅中倒入橄榄油，下鳕鱼，小火煎至两面金黄，配生菜叶即可。

梅干菜蒸河虾（热菜）

食材

河虾350克，梅干菜50克。

调料

猪油适量，葱末、姜末各10克，盐、胡椒粉、白糖、黄酒各2克，生抽8克。

烹饪 Tips

这个菜的正宗做法用的是猪油，也可以换成植物油，但香味会逊色许多。

做法

1 河虾洗净，沥干。

2 梅干菜泡开洗净。

3 锅入猪油，烧热后放入葱末、姜末炒香。

4 加入梅干菜。

5 放入河虾，调入盐、胡椒粉、白糖、黄酒、生抽翻炒均匀。

6 将炒好的梅干菜虾放碗中，上笼蒸15分钟即可。

西湖牛肉羹
（汤羹）

扫二维码看
操作视频

关键营养素
蛋白质、锌

做法

1 香菇洗净，切粒；内酯豆腐切粒。

2 牛肉洗净，切成小粒，加料酒抓匀，腌制10分钟。

3 鸡蛋取蛋清，放入碗中快速打散备用。

4 烧一锅水，水开后倒入牛肉粒，撇去浮沫，捞出沥干备用。

5 锅中加入冷水，放入牛肉粒、豆腐粒、香菇粒和姜末，大火烧开。

6 加入盐、胡椒粉，倒入水淀粉搅拌均匀。

7 将打散的蛋清液以打圈的方式淋在锅中，用筷子迅速搅拌成絮状后关火。

8 淋入香油，撒上香菜末即可。

食材

牛肉、内酯豆腐各50克，鲜香菇2朵，鸡蛋1个。

调料

香菜末10克，胡椒粉、盐各2克，姜末、料酒各5克，香油3克，水淀粉适量。

烹饪 Tips

1 牛肉不可切得太大，用牛肉末也可以。

2 正宗做法是用内酯豆腐，也可以用嫩豆腐。嫩豆腐更有营养。

鲜虾沙拉

（凉菜）

关键营养素

蛋白质、膳食纤维

食材

鲜虾7只，小红番茄、小黄番茄各3个，小黄瓜1根，紫生菜叶、绿生菜叶各1片。

调料

沙拉酱适量。

烹饪 Tips

1 蔬菜随自己的喜好选择。

2 沙拉酱也可以换成酸奶或油醋汁，会有不一样的味道。

做法

1 鲜虾放入锅中，煮熟。

2 小红番茄、小黄番茄洗净，切块；黄瓜洗净，切片。

3 紫生菜、绿生菜洗净，放入碗中。

4 小红番茄块、小黄番茄块、黄瓜片放入碗中。

5 虾去皮，放入碗中。

6 调入沙拉酱拌匀即可。

关键营养素
蛋白质、硒

温拌海螺

（凉菜）

食材

海螺5只，香椿苗30克。

调料

姜丝15克，盐2克，白葡萄酒醋30克，橄榄油、白糖各3克。

烹饪 Tips

没有白葡萄酒醋，可用苹果醋代替。

做法

1 海螺洗净，锅内加水，放入海螺，水没过海螺即可，开火煮15分钟左右。

2 香椿苗去根洗净。

3 盐、白葡萄酒醋、橄榄油、白糖放入调料碗中拌匀即为料汁。

4 取出螺肉，去掉内脏（海螺后部螺旋且颜色发黑的部分即为内脏）。

5 海螺肉改刀切成薄片，放入碗中。

6 加入香椿苗、姜丝，调入料汁拌匀即可食用。

Part 5

美味晚餐

艇仔粥
（主食）

扫二维码看
操作视频

食材

大米50克，油条1根，鲷鱼、猪肉各20克，干贝、干鱿鱼丝各10克，鸡蛋1个。

调料

香葱末8克，盐1克，姜丝5克。

做法

1 大米洗净，放入锅中，加食用油、盐、适量清水。

2 放入干贝、干鱿鱼丝、姜丝，盖上锅盖烧煮。

3 猪肉、鲷鱼洗净，切丝。

4 鸡蛋打散，入锅摊成蛋皮，盛出备用。

5 油条切块，蛋皮切丝。

6 粥煮至黏稠时加入肉丝、鱼丝。

7 继续煮2~3分钟，至肉丝、鱼丝变白，关火。

8 放入蛋皮丝、油条块、香葱末即可。

艇仔粥，其配料十分丰富，新鲜的鱼、猪肉、油条、葱末和蛋皮丝，以及浮皮（猪皮）、海蜇、鱿鱼、干贝、花生等，可依自己的喜好选择。

台式卤肉饭
（主食）

食材

五花肉120克，干香菇30克，熟鸡蛋2个，洋葱半个，米饭适量，青菜20克。

调味

葱末、姜末、蒜末、冰糖各5克，大料1个，甜面酱12克，料酒、生抽各8克，胡椒粉2克，五香粉、鱼松粉各3克。

烹饪 Tips

1 不要把肉汁收得太干，多留些浓浓的汁浇在米饭上才好吃。
2 香菇最好选干香菇。
3 做卤肉时，要先焯水再切小丁，可以保证肉的弹性。
4 也可以把鸡蛋换成鹌鹑蛋。

做法

1 香菇提前3小时泡发，泡香菇的水可以留着后面烧肉用。

2 干香菇泡开切丁；洋葱洗净，切丁。

3 五花肉洗净，去皮。

4 五花肉、肉皮冷水下锅焯水，去腥味。

5 焯好的五花肉和肉皮切丁。

6 洋葱丁放入油锅中，半炸半炒至微黄色，迅速捞出沥干油，即为油葱酥。

7 锅留少许油，爆香葱末、姜末、蒜末，放入五花肉丁，慢慢煸炒至微上色。

8 加入大料、生抽、甜面酱、冰糖、料酒、胡椒粉、五香粉炒匀，再放入油葱酥、香菇丁、泡香菇的水，加入熟鸡蛋和适量温水（水量不要过多，以没过五花肉丁2厘米为宜）。

9 开盖大火烧开后，加盖小火焖炖45分钟左右，即为卤肉。

10 米饭放入鱼松粉拌匀。

11 做成卡通造型。

12 卤肉盛到盘中，放上饭团和切开的鸡蛋、焯熟的青菜即可。

雪菜虾仁面
（主食）

关键营养素

钙、
碳水化合物

食材

鲜虾8只，雪菜30克，水煮笋30克，面条40克。

调料

香葱末8克，胡椒粉2克，香油适量。

雪菜有咸味，这里没有加盐，可依据自己的喜好调味。

做法

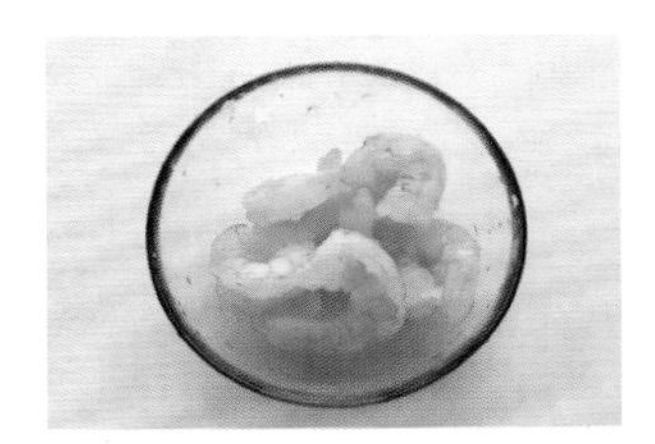

1 鲜虾煮熟，去皮备用。

2 雪菜洗净，切末；水煮笋切片。

3 锅中放入少许油，下香葱末炒香，放入雪菜末、笋片翻炒。

4 倒入适量清水煮开，放入虾仁，调入胡椒粉、香油，关火。

5 另取一锅，加入清水，下面条煮熟。

6 捞入碗中，舀上煮好的雪菜虾仁汤即可享用。

蔬菜拌剪刀面

（主食）

扫二维码看
操作视频

食材

面粉100克，鸡蛋1个，猪肉、芹菜、胡萝卜各50克，鲜香菇2朵。

调料

盐1克，生抽5克，胡椒粉3克，淀粉、葱花、香油各适量。

用蛋液和面团，因面粉的吸水量不同、鸡蛋的大小不同，可适量增减水量以保证面团适宜的软硬度。

做法

1 面粉中加入鸡蛋，和成软硬适中的面团。

2 胡萝卜、香菇、芹菜洗净，香菇切片、胡萝卜切丝、芹菜切段。

3 取醒好的一小团面团，整形成长圆形，用剪刀剪成剪刀面。

4 猪肉洗净、切丝，放入碗中，加盐、胡椒粉、淀粉拌匀。

5 炒锅倒油烧热，下葱花炒香，下肉丝炒至变色。

6 下胡萝卜丝、芹菜段、香菇片翻炒。

7 调入生抽炒熟，淋香油炒匀出锅。

8 锅中加水，下剪刀面煮熟。

9 捞出过凉，沥干水分，拌入炒好的菜即可食用。

紫米荷叶馍
（主食）

食材

面粉100克，紫米粉50克，酵母粉2克。

1 面粉的吸水量不同，加水量可酌情加减。

2 紫米荷叶馍可随自己口味，夹进喜欢的菜或者肉。

做法

1 面粉、紫米粉、酵母粉放入盆中，加入适量水和成面团。

2 面团发酵至原来的2倍大。

3 取出面团排气，分成剂子，擀成圆饼，刷一层油。

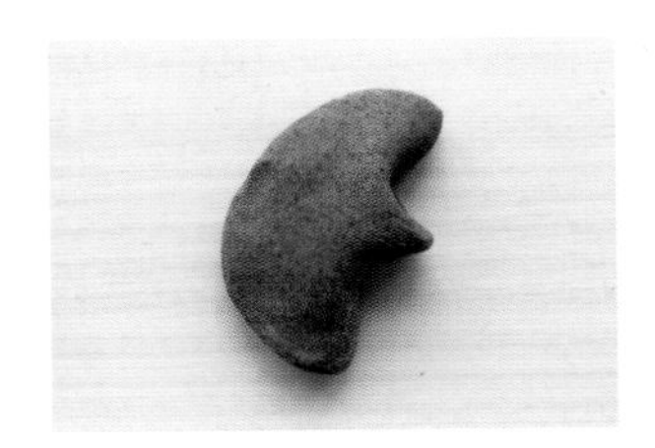

4 对折后，在对折处用手捏出一个尖角。

5 用干净的梳子压出荷叶的纹路。

6 醒20分钟左右，入冷水锅，中火蒸15分钟，关火后闷5分钟即可。

小兔火腿花卷
（主食）

扫二维码看
操作视频

关键营养素

碳水化合物、
蛋白质

食材

面粉200克，小香肠5根，酵母2克，红豆少许。

小香肠要买长10厘米左右的。

做法

1 酵母加入面粉中，缓缓倒入温水，边倒边用筷子搅拌，揉成光滑的面团。

2 面团发酵至2倍大，至出现蜂窝状。

3 面团排气（最好多揉一会，这样会更松软），分成5份，每份60克左右。

4 取一份面团揉至光滑没有气孔，搓成长约40厘米的条，对折，放上小香肠。

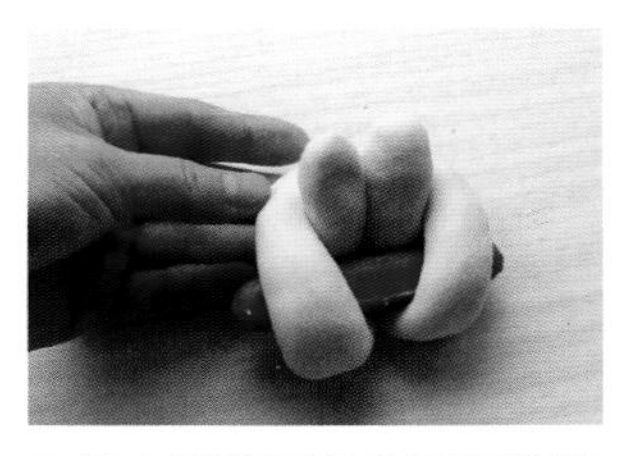

5 将上面的面条从下面的圈中掏出来，制成“兔耳朵”。

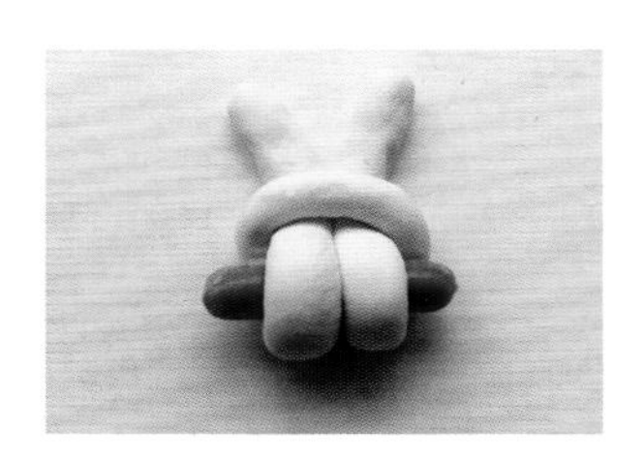

6 把“兔耳朵”分开，中间留有空隙，整理一下。

7 用红豆装饰做眼睛，再发酵30分钟左右。

8 上锅蒸20分钟，关火闷5分钟即可。

佛手瓜水饺
（主食）

关键营养素
碳水化合物、膳食纤维

食材

面粉200克，佛手瓜500克，猪肉馅120克。

调料

盐2克，葱末20克，姜末10克，香油、蚝油各5克。

馅料可依据自己的喜好搭配。

做法

1 面粉加温水和成面团，醒20分钟。

2 佛手瓜洗净，去瓤，擦丝，撒盐揉一下，挤干水分。

3 在猪肉馅中加入盐、葱末、姜末、蚝油拌匀。

4 再将佛手瓜丝拌进肉馅里，加入香油拌匀。

5 面团下剂，擀皮。

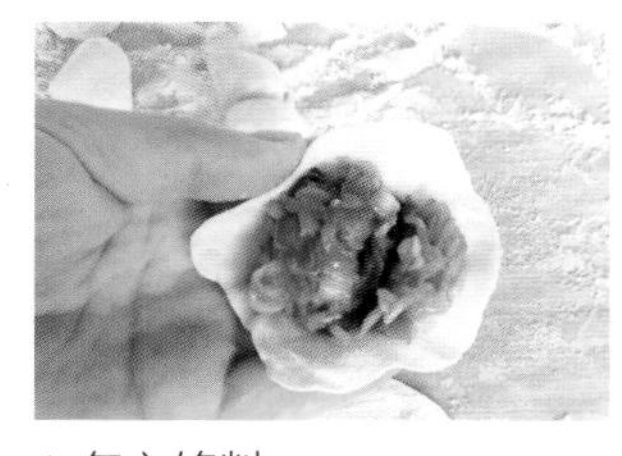

6 包入馅料。

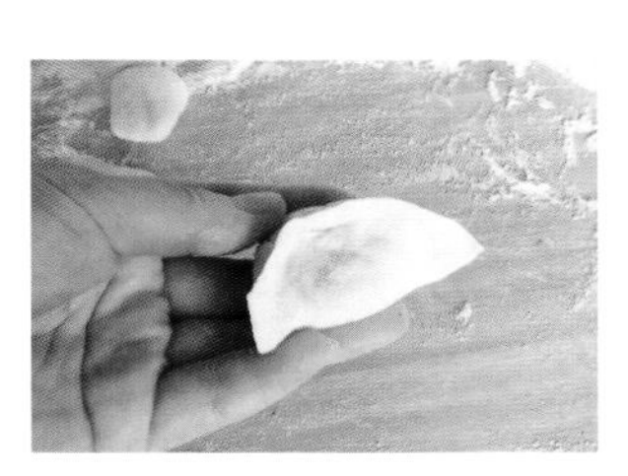

7 捏成水饺。

8 锅中加清水，水开后下入饺子，煮熟即可。

灌汤包
（主食）

扫二维码看
操作视频

关键营养素
碳水化合物、
蛋白质

食材

面粉200克，猪肉馅150克，肉皮冻100克，鲜香菇50克。

调料

葱末、料酒、生抽、香油各10克，姜末5克，胡椒粉、盐各3克，花椒水适量。

1 擀面皮要底厚四周薄。

2 不要蒸过头，一定不能超过8分钟，否则皮会破，流出汁水。

做法

1 面粉加冷水和成面团，醒30分钟；香菇洗净，切末；肉皮冻切丁。

2 猪肉馅中分次加花椒水，搅打肉馅至上劲，加入盐、生抽、胡椒粉、料酒拌匀。

3 加入香菇末、肉皮冻丁、少许油略拌，加葱末、姜末拌匀。

4 面团搓成条，下剂，擀成边薄底略厚的皮。

5 包入馅料，捏成包子。

6 上笼用大火蒸约8分钟，见包子呈玉色、底不粘手即可。

凉拌黄瓜花
（凉菜）

食材

黄瓜花400克。

调料

盐2克，苹果醋10克，蚝油5克，香油适量。

做法

1 黄瓜花择去梗。

2 水中加盐，放入黄瓜花浸泡10分钟，冲洗几遍后沥干水分。

3 苹果醋、蚝油放入调料碗中调匀即为料汁。

4 洗好的黄瓜花放入大碗中，倒入料汁，放入香油拌匀即可。

如果觉得生吃不放心，可放入锅中焯水30秒后再拌制。

塔菜炒冬笋

（热菜）

食材

塔菜1棵，冬笋200克。

调料

盐3克，白糖5克。

烹饪 Tips

为了保障塔菜的清爽口感，只用盐、白糖调味，也可适量加点香油。

做法

1 将塔菜切开后洗净，沥干备用。

2 冬笋剥外皮，焯水后沥干，切片。

3 热锅入油，油温后加入塔菜大火爆炒。

4 塔菜颜色变绿后加入冬笋片翻炒，调入盐、白糖炒匀即可。

香芋南瓜煲

（热菜）

扫二维码看
操作视频

关键营养素

膳食纤维、钙

食材

芋头、南瓜各200克，牛奶、椰浆各50克。

调料

盐1克，白糖10克。

1 这是无油版的做法，清淡不油腻，也可把芋头、南瓜过油炒一下，再加调料煮。

2 白糖的量可依自己的口味调整，没有椰浆可用牛奶代替。

做法

1 芋头、南瓜洗净，去皮，切块。

2 芋头块放入锅中，加入适量清水，煮5分钟。

3 然后放入南瓜块煮开。

4 调入白糖、盐。

5 倒入椰浆和牛奶。

6 煮至芋头软烂即可。

荷香莲藕粉蒸肉

（热菜）

扫二维码看
操作视频

关键营养素

碳水化合物、
蛋白质

食材

猪五花肉300克，莲藕200克，大米150克。

调料

辣豆瓣酱、生抽各10克，老抽、白糖各5克，黄酒、腐乳汁各15克，大料1个，花椒少许。

1 打米粉（或用擀面杖擀碎）不要打太碎，部分呈颗粒状口感更佳。

2 米粉的吸水力很强，所以混合时要加足水。

3 也可以买成品米粉，但要减少生抽、老抽和腐乳汁的用量，否则会很咸。

做法

1 五花肉洗净、切厚片，加入调料（除大料、花椒）腌制30分钟以上。

2 莲藕洗净去皮，切片。

3 荷叶用沸水泡软。

4 大米放入干净炒锅中，加入花椒、大料，用小火翻炒至米粒变黄微焦，关火凉凉。

5 炒好的大米、花椒、大料一起放入粉碎机中打碎，但不宜太碎。

6 腌好的肉和莲藕片中加入米粉、清水拌匀。

7 将肉片和莲藕片依次码放在荷叶上。

8 包好后放到蒸笼中，放入蒸锅，大火蒸1小时左右即可。

西蓝花炒肉片
（热菜）

关键营养素
蛋白质、
维生素 C

食材

里脊肉50克，西蓝花100克，红甜椒、冬笋各30克。

调料

葱末、生抽各5克，盐1克，淀粉2克。

蔬菜都焯过水了，炒制时间不宜过长。

做法

1 西蓝花洗净，切小朵；红甜椒洗净，切块；冬笋去皮，切片。

2 里脊肉洗净、切片，调入盐、淀粉抓匀，腌制15分钟。

3 笋片焯水，捞出。

4 西蓝花焯水，捞出。

5 锅中放入油，放葱末炒香，下肉片炒至变色。

6 放入西蓝花、红甜椒块、笋片炒匀，调入生抽炒匀即可。

酱羊排
（热菜）

扫二维码看
操作视频

关键营养素
蛋白质、铁

食材

羊排300克。

调料

姜片、葱片各15克，甜面酱20克，大料、草果各1个，香叶1片，冰糖8克，盐3克，生抽、料酒各10克。

烹饪 Tips

甜面酱有醇厚的酱香味，不可省略。

做法

1 羊排洗净，切块。

2 锅中加水下羊排，烧开后煮3分钟。

3 将羊排捞起，去血水。

4 将羊排再次放入加清水的锅中，下姜片、葱片、甜面酱、冰糖、盐、生抽、大料、草果、香叶、料酒，倒入约1000克热水。

5 加盖炖煮1～1.5小时即可。

鳕鱼蒸蛋
（热菜）

关键营养素
蛋白质、
维生素 D

做法

1 鳕鱼切丁，挤入几滴柠檬汁，加入盐调味。

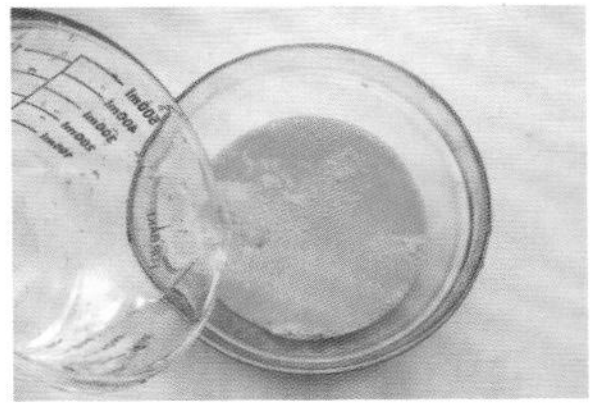
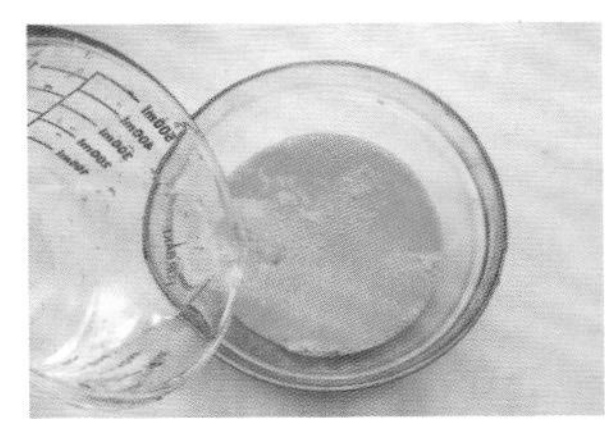

2 鸡蛋磕入碗中，倒入凉白开后朝一个方向搅拌均匀。

3 鳕鱼丁放入碗中。

4 将蛋液过滤到碗中。

5 蒙上保鲜膜，扎上几个眼。

6 锅中水开后，放入蛋液隔水蒸10分钟左右。

7 蒸好后，用火腿肠、紫薯装饰，淋上生抽和香油即可。

食材

净鳕鱼50克，鸡蛋2个，柠檬半个，火腿肠、紫薯各适量。

调料

盐1克，生抽5克，香油适量。

蛋液中要加凉白开，水和鸡蛋的比例是1.5：1，接着朝一个方向搅拌均匀。

关键营养素

蛋白质、膳食纤维

芦蒿炒北极虾

（热菜）

食材

芦蒿300克，北极虾100克。

调料

盐2克，蒜末8克。

烹饪 Tips

芦蒿翻炒要快速，才能保持色泽翠绿。

做法

1 芦蒿洗净，掐头去叶，切段；北极虾去皮。

2 锅内倒油烧热，下蒜末炒香，放入芦蒿段快速翻炒。

3 加入北极虾、盐，炒匀出锅即可。

玉米胡萝卜排骨汤

（汤羹）

食材

排骨300克，玉米1根，胡萝卜50克。

调料

葱段、姜片各5克，盐2克，香油适量。

烹饪 Tips

炖汤的时候也可放入料酒和干贝，可以使汤的味道更鲜。

做法

1 排骨洗净、切块，放入砂锅中煮开。

2 玉米、胡萝卜洗净，切块。

3 撇去锅中的浮末。

4 放入葱段、姜片，大火烧开，转小火煲1小时。

5 放入玉米块、胡萝卜块煲30分钟。

6 调入盐再煲10分钟，关火，吃的时候淋入香油即可。

虾泥蛋饺
（汤羹）

扫二维码看
操作视频

关键营养素

蛋白质、
维生素 C

食材

鸡蛋2个，净虾仁80克，胡萝卜30克，西蓝花20克。

调料

盐1克，香葱末10克，生抽5克，胡椒粉、淀粉各2克，香油适量。

烹饪 Tips

1 烙蛋饼要一直开小火，否则蛋液凝固太快，蛋饺不易粘合。

2 放馅夹紧的动作一定要快，否则蛋液完全凝固，蛋饺就不易粘合在一起，容易散开。

做法

1 西蓝花洗净，焯水，捞出沥干，切朵。

2 胡萝卜洗净、切块，和虾仁、西蓝花一起放入料理机中打成泥。

3 将蔬菜虾泥倒入碗中，调入盐、生抽、胡椒粉、香油、香葱末拌匀制成馅。

4 鸡蛋打散，放入淀粉搅拌均匀。

5 平底锅用小火烧热，刷一层薄油。舀一勺蛋液，贴着锅底慢慢地把蛋液转圈倒下成一个小圆饼。

6 放少许馅在鸡蛋小饼中间。

7 用筷子把蛋饼对折，然后用筷子顺着紧贴馅的位置夹起收紧。稍等片刻，等蛋液全部凝固即可。

8 锅里加清水，放入蛋饺，煮至蛋饺熟透。

9 加入适量盐调味，淋上香油，撒香葱末即可。

扫二维码看
操作视频

关键营养素

蛋白质、铁

食材

牛腩500克，山药、胡萝卜各50克，太子参10克。

调料

葱段、姜片各5克，盐3克。

太子参味甘、微苦，性平，可益气健脾、生津润肺。太子参虽补力平和，但终为味甘之品，用量不可过多，因为其味道有点苦，每次用量在10克左右，不宜超过30克。

做法

1 牛腩洗净，切块，加清水浸泡30分钟。

2 山药、胡萝卜洗净，去皮切块。

3 锅中倒入清水，放入牛腩块焯水，撇去浮沫，捞出。

4 锅中加清水，放入牛腩块、葱段、姜片，大火烧开，转小火炖1小时。

5 放入山药块、胡萝卜块、太子参炖煮30分钟。

6 调入盐，再炖煮10分钟，关火出锅即可。

关键营养素

蛋白质、膳食纤维

紫菜萝卜丝蛤蜊汤

（汤羹）

食材

白萝卜100克，蛤蜊15个，紫菜3克。

调料

姜片3克，香菜末10克，盐1克，香油适量。

蛤蜊一定要买活的，吐尽泥沙并清洗干净。活的蛤蜊遇热会张口，撇去浮沫就立刻放萝卜丝，蛤蜊煮久了会变老，影响口感。

做法

1 白萝卜洗净，去皮切丝；紫菜剪成条。

2 蛤蜊买回来后用清水加点盐或油浸泡1小时，洗净备用。

3 锅中加冷水，放入姜片和蛤蜊，中火烧开，全部开口后撇去浮沫。

4 放入白萝卜丝、紫菜条略煮1分钟，关火。

5 放入香菜末、香油即可。

Part 6 健康加餐

杏仁豆腐
（零食小点）

关键营养素
钙、蛋白质

做法

1 杏仁洗净。

2 吉利丁片剪碎后放入碗中，用凉水泡软。

3 将杏仁放入料理机中，加250克水打成浆。

4 滤掉杏仁渣。

5 过滤好的杏仁浆倒入锅中，加白糖煮开，加入牛奶，再煮微开，关火。

6 杏仁奶液凉至70℃以下，再放入泡好的吉利丁片。

7 搅拌至化。

8 将杏仁奶液倒入保鲜盒中，放入冰箱冷藏4小时。取出切小块，配上糖桂花即可。

食材

杏仁100克，牛奶250克，白糖20克，吉利丁片10克。

调料

糖桂花适量。

烹饪 Tips

1 吉利丁片要用凉水泡开。杏仁奶液凉至70℃以下再放入吉利丁片，否则温度过高吉利丁片会失效，不凝固。

2 没有吉利丁片也可以用琼脂来做。用琼脂做，口感稍微硬一些。

山楂糕
（零食小点）

关键营养素
膳食纤维、
维生素 C

食材

山楂650克，绵白糖300克。

烹饪 Tips

1 煮山楂泥不要用铁锅，煮开后用木铲不停搅动。

2 做好的山楂糕冷藏保存，无添加剂，尽快食用。

3 如果料理机功率不大，打得不够细腻，可用滤网过滤一下，去掉果皮，口感更爽滑。

做法

1 山楂洗净，去蒂去核。

2 山楂肉放入料理机中，加500克清水打成泥。

3 山楂泥倒入锅中，放入绵白糖，小火慢煮。

4 煮的时候要不停搅拌，至木铲挂薄糊，山楂泥不会流动合拢，即成果酱。

5 煮好的山楂酱倒入保鲜盒，完全冷却，倒出切块即可。

蜜汁金橘

（零食小点）

食材

金橘400克，蜂蜜30克，白糖50克。

调料

盐少许。

烹饪 Tips

食用金橘时切勿去皮。金橘80%的维生素C都集中在果皮上。

做法

1 盆里倒入清水，撒入少许盐，倒入金橘，浸泡10分钟，捞出控干。

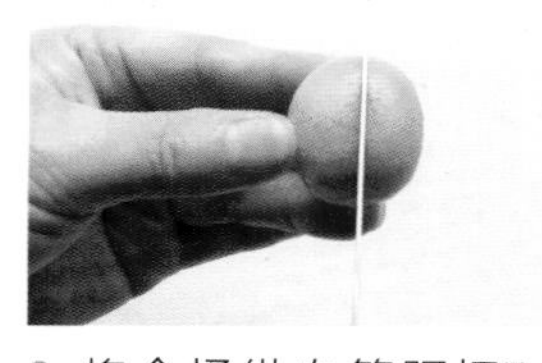

2 将金橘纵向等距切5~7刀，不要切得过深，否则容易断。

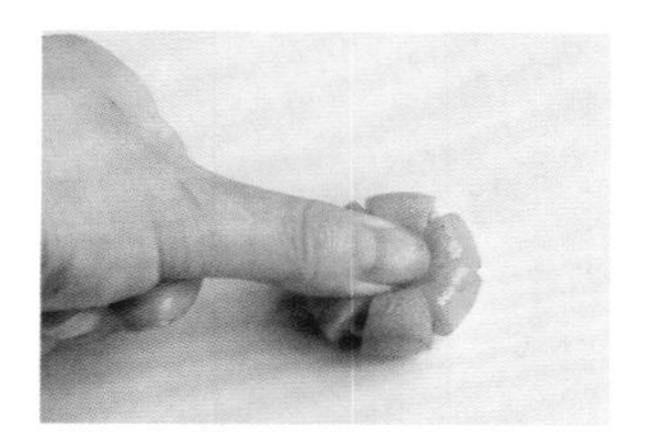

3 切好的金橘用手指按扁。

4 将所有金橘放入锅中，加白糖和适量清水。

5 水烧开后转小火慢煮10分钟，直至糖水浓稠。

6 关火，捞出控干，淋入蜂蜜后放入玻璃罐，放冰箱冷藏一天即可食用。

百里香烤紫胡萝卜
（零食小点）

食材

迷你紫胡萝卜6根，迷你胡萝卜3根。

调料

盐3克，橄榄油10克，百里香适量。

烹饪 Tips

1 紫色胡萝卜不是转基因产品，紫色萝卜才是胡萝卜的“老祖宗”。也可以用普通胡萝卜来做，但是味道不如迷你胡萝卜甘甜。

2 烤制时间根据自家烤箱脾气调整，注意观察，胡萝卜软了，表面有些干了就好了。

做法

1 将所有迷你胡萝卜洗净，不用去皮。

2 迷你胡萝卜放入大碗中，撒上盐和百里香，再倒入橄榄油拌匀，腌制10分钟。

3 把拌好的胡萝卜平铺在垫了锡纸的烤盘上，放入预热好的烤箱中层，上下火200℃，烤25分钟左右即可。

酸甜鹌鹑蛋

（零食小点）

扫二维码看操作视频

关键营养素

蛋白质

食材

鹌鹑蛋10个，白芝麻适量。

调料

蒜末5克，番茄酱15克，白糖10克，淀粉20克。

白芝麻最好提前用干锅焙熟，这样做出的菜口感更好。

做法

1 鹌鹑蛋放入锅中煮熟。

2 去壳后，放入淀粉里裹匀。

3 锅中放油，下鹌鹑蛋煎至金黄色，盛出备用。

4 锅中留底油，放入蒜末炒香，下番茄酱炒出红汁。

5 放入白糖炒匀，倒入30克清水。

6 放入煎好的鹌鹑蛋，裹匀番茄汁，撒上白芝麻即可出锅。

毛巾卷
（零食小点）

扫二维码看
操作视频

千层皮材料

鸡蛋2个，细砂糖40克，牛奶250克，色拉油25克，低筋面粉110克，可可粉7克。

奶油夹馅材料

淡奶油250克，细砂糖25克。

烹饪 Tips

1. 喜欢层次少的卷2～3张即可。这个分量卷大号可以做2个毛巾卷，卷小号可以做3～5个。
2. 火不能太大，在桌面上准备一块湿毛巾，如果舀入锅中的面糊还没有转开就干了或者厚薄不一，说明温度太高，出锅后马上将锅放在湿毛巾上降温，这样有利于第二张饼皮顺利摊开。略冷却后，用硅胶铲很轻易就能掀起来。

做法

1 鸡蛋磕入碗中，加细砂糖、色拉油搅拌均匀。

2 加入牛奶搅拌均匀。

3 低筋面粉、可可粉拌匀过筛，加入蛋液中。

4 面糊过筛2~3遍，使面糊细腻无颗粒。盖保鲜膜，入冰箱冷藏30分钟（面糊静置会沉淀，舀面糊时要先搅一搅），下锅前，混合好的面糊应该是流动性很好的稀糊状。

5 平底锅中倒入一勺面糊，转动一下锅，使面糊均匀地铺在锅底（饼皮厚薄取决于面糊的使用量，太厚容易开裂影响口感，太薄容易破）。第一张常常用来试温度，不成功也不要心急，煎两张就知道节奏了，要小火煎。

6 当饼皮表面起泡，就代表熟了，不要翻面，将锅倒扣，使饼皮自然脱离，平摊在大盘子里。

7 淡奶油加细砂糖，打至七八分就够了，千万不要打过，否则会影响卷层和口感。

8 取两到三张饼皮，一张叠一张铺开，取打好的淡奶油抹平，两边往里折。

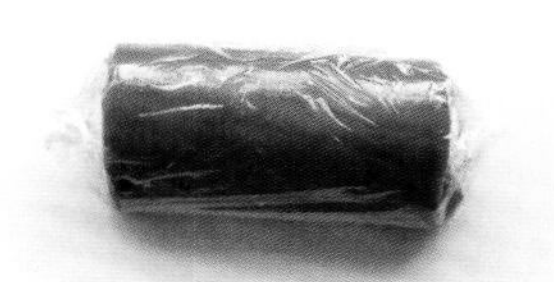

9 卷起后包保鲜膜，入冰箱冷藏定型（包保鲜膜是为了保存水分，保持饼皮的湿润度，不干燥开裂），取出后撒可可粉即可。

半熟芝士蛋糕
(零食小点)

食材

奶油奶酪120克，动物淡奶油、牛奶各50克，低筋面粉25克，无盐黄油30克，鸡蛋3个，玉米淀粉15克，细砂糖45克。

调料

白醋或柠檬汁少许。

烹饪 Tips

1 做半熟芝士蛋糕，温度很关键，有人用160℃，有人用140℃，都正常。但烤箱温度过高会导致开裂。

2 选择小模具可降低开裂风险，模具越小，开裂的风险越小。一般蛋白打发与温控都做好，再选个小点的模具，就更保险了。

3 烤好后，取出，晾3分钟，看到蛋糕边缘脱开，将蛋糕模侧拿，转几圈，盖上一个平底盘，翻转倒扣出蛋糕，再在蛋糕底部盖上平盘，翻转回正面，脱模完成。

做法

1 将奶油奶酪、动物淡奶油、无盐黄油放在一个干净的大碗中。隔水加热，搅拌到细腻浓稠。

2 将鸡蛋的蛋白、蛋黄分离在两个干净的盆中。将蛋黄分次加入奶油奶酪糊中，快速搅拌均匀。

3 牛奶中筛入低筋面粉和玉米淀粉，搅拌均匀。

4 将牛奶面糊倒入奶油奶酪糊中，放入冰箱冷藏15分钟。

5 在蛋白中加几滴白醋或者柠檬汁，低速打至起粗泡，加入细砂糖，低速开始打，慢慢加速，打至拉起打蛋器，垂下三角尖头（湿性发泡）。

6 把奶油奶酪糊从冰箱拿出。取1/3打发的蛋白加到奶油奶酪糊里，切拌均匀。

7 将拌匀的奶酪糊倒入蛋白盆中，切拌均匀。

8 将奶酪蛋白面糊倒入模具中，轻磕几下。

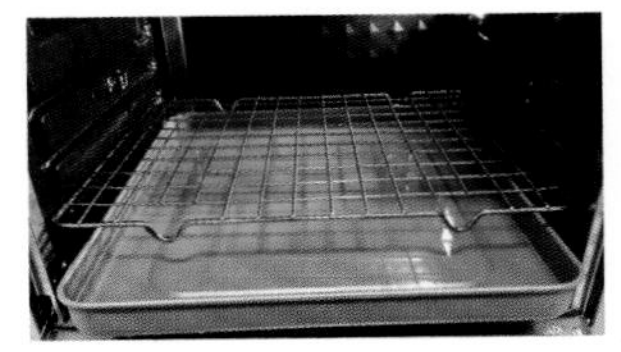

9 在烤盘中注水，放入烤箱下层，水不要放太少，以免中途干了。

10 水浴法，烤箱下层，上下火，180℃烤15分钟，转150℃烤约30分钟，转120℃烤约30分钟即可。

巧克力裂纹曲奇
（零食小点）

扫二维码看
操作视频

关键营养素

碳水化合物、
脂肪

食材

低筋面粉100克，黑巧克力80克，无盐黄油45克，细砂糖50克，全蛋液75克（2个鸡蛋），可可粉20克，泡打粉2克，糖粉适量。

烹饪 Tips

1 泡打粉使曲奇呈现漂亮的裂纹，因此不可以省略，这个配方的泡打粉已经减少到合适的量了，不能再少了。

2 小圆球在烤的过程中会自动塌成圆饼状，并出现漂亮的裂纹，所以小圆球之间一定要留出至少4厘米的距离，否则可能会连成一片。

做法

1 无盐黄油和黑巧克力切成小块，放入碗里，隔水加热并不断搅拌，直到黄油与巧克力成液态（注意不要让水溅入碗里）。

2 将碗从水中取出，加入细砂糖搅拌均匀。

3 分次加入打散的全蛋液，搅拌均匀成浓稠的糊状。

4 低筋面粉、可可粉、泡打粉混合过筛到巧克力糊里。

5 继续搅拌均匀，成为浓稠面糊。将面糊放入冰箱，冷藏至少1小时（也可冷藏过夜）。

6 冷藏后的面糊会变硬，把硬面糊揉成大小均匀的小圆球，放入糖粉里滚一圈，让圆球表面裹上厚厚的一层糖粉。

7 把裹好糖粉的圆球放在烤盘上，注意每个圆球之间保持足够的距离，一次烤不完，可分盘烤。将烤盘放入预热170℃的烤箱，上下火烤20~25分钟。当曲奇按上去外壳硬硬的时候，就可以出炉了。

蜂蜜杏仁奶酪条
（零食小点）

饼底材料

全麦消化饼干150克，无盐黄油40克。

蛋糕体材料

奶油奶酪250克，柠檬半个，杏仁15克，细砂糖40克，全蛋、蛋黄各1个，动物淡奶油150克，玉米淀粉、蜂蜜各20克。

烹饪 Tips

1. 奶油奶酪常温软化后只需要用刮刀或用手动打蛋器轻轻拌匀，无须用电动打蛋器打发，以免打发过程中进入过多空气，导致成品不够细腻。冬天如因部分地区室温低，可将奶油奶酪隔温水软化后使用。
2. 无须水浴，可直接热烤。如果奶酪糊比较厚重，可在入模后用刮板轻轻刮平再烘烤。
3. 由于柠檬汁和奶制品混合容易起反应，使奶制品结块，最好与玉米淀粉一起放入奶酪糊中。

做法

1 杏仁加入蜂蜜，加热搅拌均匀。

2 全麦消化饼干放进食品袋里，用擀面杖压碎。

3 将饼干碎放入模具中，加入化开的无盐黄油。

4 饼干碎和黄油液混合，用勺子轻轻按实后放入冰箱冷藏。

5 软化后的奶油奶酪加细砂糖搅拌至光滑无颗粒，用手动打蛋器即可。

6 加入蛋黄与全蛋的混合物，继续搅拌均匀。

7 加入动物淡奶油拌匀。

8 加过筛后的玉米淀粉，挤入柠檬汁，拌匀，不要过度搅拌，即成奶酪糊。

9 将奶酪糊倒入饼底上，将蜂蜜杏仁片平铺在奶酪糊表面。

10 烤箱预热180℃，预热好后将烤盘放进烤箱中层，上下火烘烤15~20分钟，表面呈金黄色。取出待凉透后切成长方条即可。

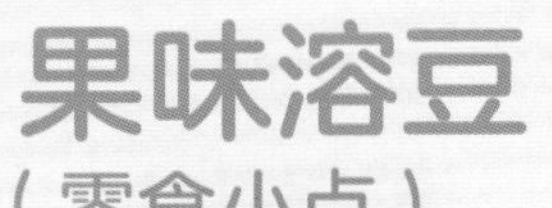

果味溶豆

（零食小点）

扫二维码看
操作视频

食材

火龙果半个，婴儿奶粉30克，玉米淀粉10克，蛋清38克，糖粉10克。

烘焙 Tips

1 溶豆过稀不成形：一是蛋白打发不到位，没打硬，蛋白会消泡。二是搅拌次数过多，时间过长。三是奶粉的乳脂含量过低导致消泡。

2 奶粉的选用：最好选用婴儿奶粉。

3 切记烤盘上铺一张油纸或者油布，好取。

4 烤箱烘烤温度：每个烤箱温度各有差异，如果上色过度，建议降低温度，烘烤结束后不要急着拿出烤盘，让溶豆在烤箱中自然冷却。

做法

1 火龙果去皮取果肉，在滤网上按压，滤出汁水。

2 取火龙果汁，将奶粉和玉米淀粉过筛到火龙果汁中。

3 搅拌均匀。

4 蛋清中加糖粉。

5 打发至蛋白干性发泡，可拉出短直角。

6 取1/3蛋白放火龙果糊中。

7 翻拌搅匀，然后倒入剩余蛋白中，先画“之”字2次，不断抄底翻拌（不要过度搅拌，否则会消泡）。拌匀的面糊流动性差，如果特别稀，就是消泡了。

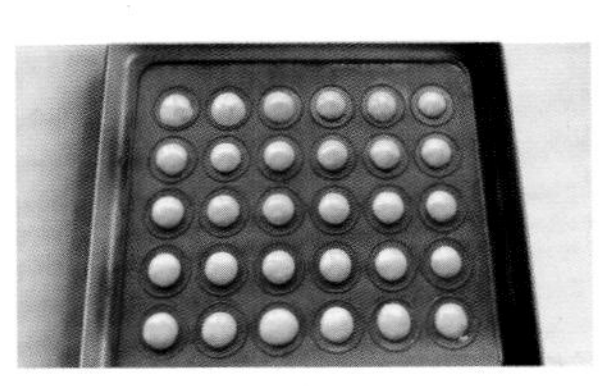

8 烤盘中铺油纸或者油布，将面糊装入裱花袋中，挤到烤盘中。

9 预热烤箱100℃，预热好后，将烤盘放进烤箱中层，上下火烤约60分钟即可。

手鞠寿司
（易携便当）
关键营养素
碳水化合物、
膳食纤维

食材

大米150克，海带、肉松、北极虾、黄瓜、胡萝卜、海苔条、熟玉米粒、熟开背虾、莲藕、小黄番茄、红苋菜叶、菠菜、菜心各适量。

调料

清酒、味淋、白糖、鱼松粉各5克，盐2克，寿司醋20克。

烹饪 Tips

1 饭团中间也可包自己喜欢的食材做馅料，但是不要包太多，否则容易散。

2 手鞠寿司基本上由两部分组成：底部是寿司饭团，顶部是选择的食材。一切食材皆有可能，发挥创造力，尽情享受自制手鞠寿司的乐趣吧！

做法

1 电饭锅中放入洗净的大米、海带，先焖熟米饭。加海带可增加鲜味。

2 焖饭的同时准备其他食材：北极虾去壳；黄瓜洗净，刮薄片，切圆片和粒；胡萝卜、莲藕洗净，去皮，切片；小黄番茄、红苋菜叶、菠菜、菜心洗净。

3 焖好的米饭中倒入寿司醋，搅拌均匀，静置入味。

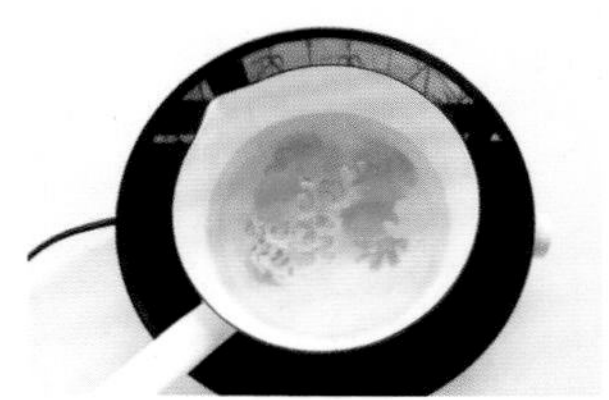

4 锅中加水，放入清酒、味淋、白糖、盐，下胡萝卜片、藕片煮1分钟。

5 放入红苋菜叶、菠菜、菜心煮软，一同捞出，过凉。

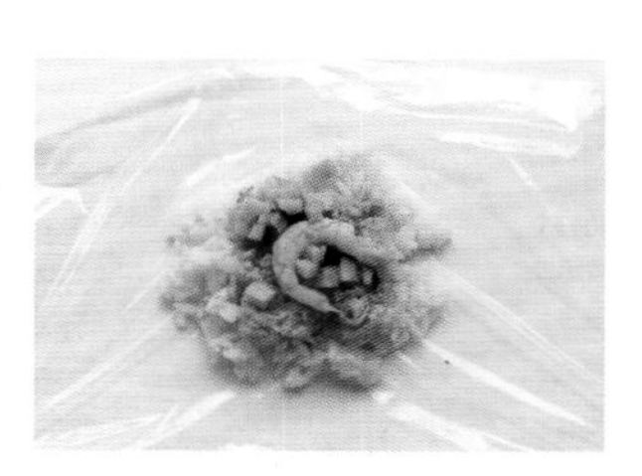

6 铺好保鲜膜，在保鲜膜中间铺上米饭，大小随自己的喜好，放上肉松、黄瓜粒、北极虾，用保鲜膜拧紧。

7 饭团全部做好备用。

8 另取一张保鲜膜，摆上胡萝卜片、熟玉米粒。

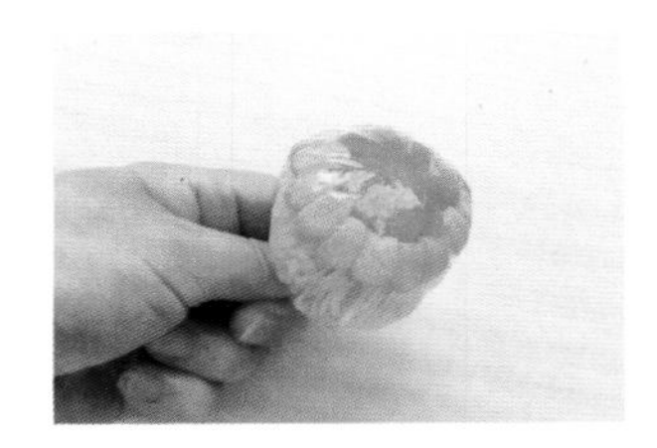

9 放上饭团，用保鲜膜拧紧，整成球形，收口朝下摆放，静置塑形。

10 保鲜膜上放开背虾，放上饭团，用保鲜膜拧紧，整成球形，收口朝下摆放，静置塑形。

11 保鲜膜上放黄瓜片。

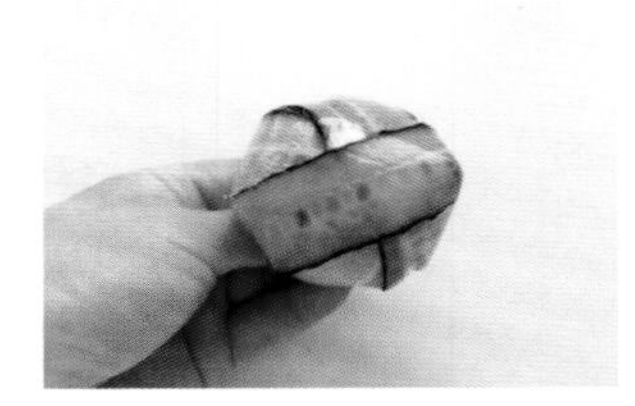

12 放上饭团，用保鲜膜拧紧，整成球形，收口朝下摆放，静置塑形。

13 保鲜膜上放菜心、北极虾。

14 放上饭团，用保鲜膜拧紧，整成球形，收口朝下摆放，静置塑形。

15 保鲜膜上放菠菜，放上饭团，用保鲜膜拧紧，整成球形，收口朝下摆放，放上藕片，点缀虾子。

16 饭团蘸均鱼松粉，放上红苋菜叶。

17 保鲜膜上放胡萝卜片。

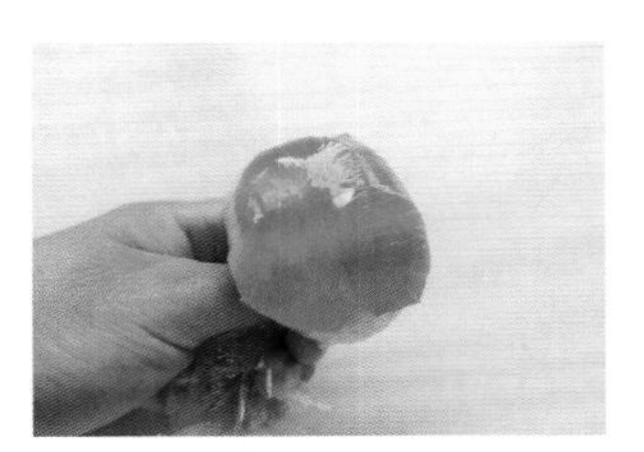
18 放上饭团，用保鲜膜拧紧，整成球形，收口朝下摆放，静置塑形。

19 保鲜膜上放海苔条。

20 放上饭团，用保鲜膜拧紧，整成球形，收口朝下摆放，静置塑形。

21 将做好的手鞠寿司放入便当盒中即可。

紫米饭团
（易携便当）
扫二维码看
操作视频
关键营养素
碳水化合物、
蛋白质

做法

1 紫米、大米放入电饭煲中，焖成米饭。

2 鹌鹑蛋煮熟，去壳。

3 寿司帘上面铺保鲜膜，放上紫米饭，铺匀。

4 铺上洗净的生菜叶。

5 放上金枪鱼，挤上沙拉酱。

6 放上熟鹌鹑蛋。

7 用保鲜膜拧紧，整成球形，然后打保鲜膜，收口朝下摆放。

8 便当盒中铺上生菜叶，放入做好的紫米饭团，点缀白芝麻，再放上处理好的水果即可。

食材

紫米30克，大米50克，鹌鹑蛋8个，生菜叶4片，金枪鱼罐头40克，净芒果60克，草莓、甜杏各2颗，熟白芝麻适量。

调料

沙拉酱适量。

烹饪 Tips

饭团的馅料和蔬菜水果可依自己的喜好搭配。

关键营养素
碳水化合物、脂肪

窝蛋腊肠煲仔饭
（易携便当）

食材

大米100克，鸡蛋1个，广式腊肠2根，菜心2棵。

调料

姜丝、鱼露各5克，酱油、蚝油各8克。

烹饪 Tips

1 如何知道米饭已经熟了，因为不同的火候，煮饭时间不同，只要听到锅里传出“滋滋”声，饭就差不多了，关火后不要立即打开盖，让米饭继续闷一会儿。

2 料汁可依自己的口味调。

做法

1 大米淘洗干净，加入水浸泡1小时。

2 腊肠切片备用。

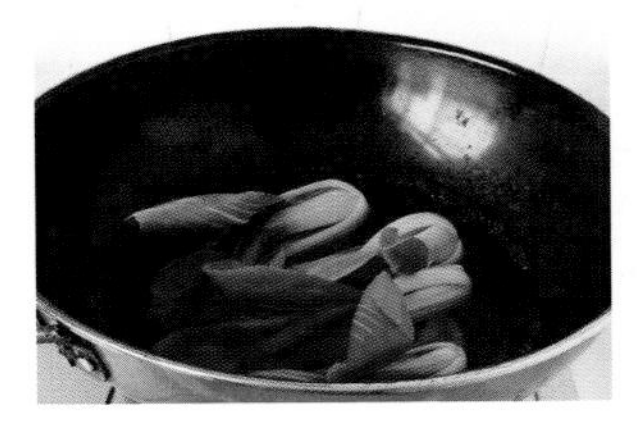

3 菜心洗净，焯水备用。

4 砂锅底抹油。

5 大米倒入砂锅中，加入高出大米1.5厘米左右的水，大火煮开。

6 小火煲至米饭收干水，呈蜂窝状，用汤匙舀一勺油沿着锅边倒入。

7 放入腊肠片、姜丝，打入鸡蛋，盖上盖，焖到米饭熟。

8 取一小碗，调入酱油、蚝油、鱼露成料汁。

9 放上焯好的菜心，淋上料汁即可。

土豆鸡翅便当
（易携便当）
扫二维码看
操作视频
关键营养素
碳水化合物、
蛋白质

做法

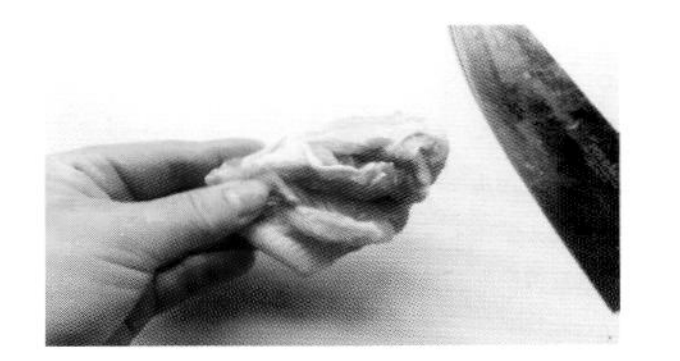

1 鸡翅洗净，用刀划两刀。

2 土豆、茭白洗净，去皮，切块。

3 生抽、蚝油放入碗中，加少许清水，调成料汁。

4 锅中放油，下蒜片爆香，放入鸡翅煎至两面微黄。

5 放入土豆块、茭白块。

6 倒入料汁，大火烧开。

7 转小火，炖至鸡翅软烂，出锅。

8 锅中加水，将处理好的芦笋、菜心、香菇焯熟。

9 便当盒中放入米饭，盛入炖好的土豆鸡翅即可。

10 另一层便当盒中放入处理好的水果和蔬菜，挤上沙拉酱。

食材

米饭1碗，鸡翅4个，土豆、茭白各30克，芦笋2根，菜心1棵，鲜香菇1朵，草莓3颗，蓝莓15克，油桃2个。

调料

蒜片10克，生抽、蚝油5克，沙拉酱适量。

蔬菜水果可依自己的喜好搭配。

巴沙鱼盖饭便当
（易携便当）

食材

净巴沙鱼2片，米饭1碗，西蓝花30克，秋葵2根，紫生菜叶、绿生菜叶各1片，小黄番茄、小红番茄各2个，樱桃4颗，甜杏1颗。

调料

蒜末20克，生抽、酱油、香葱末各5克，盐1克，胡椒粉2克，香油适量。

烹饪 Tips

1 水果和蔬菜可根据自己的喜好更换。

2 也可将巴沙鱼换成鳕鱼，一样美味。

做法

1 生抽、酱油、盐、胡椒粉放入碗中，加少许清水调成料汁。

2 锅中放入油，下蒜末炒香。

3 放入巴沙鱼煎至金黄色。

4 倒入料汁，转小火炖至入味。

5 淋香油，撒香葱末出锅。

6 米饭整成卡通形状。

7 卡通饭团放入便当盒，放上巴沙鱼。

8 西蓝花、秋葵洗净，焯熟，捞出后西蓝花切块、秋葵切段。

9 另一层放入所有处理好的蔬菜和水果即可。

Part 7

日常调理餐

乌梅蜜番茄

（健脾益胃促食）

食材

小红番茄6个，小黄番茄各5个，乌梅5颗。

调料

蜂蜜5克。

烹饪 Tips

除了乌梅之外，还可用话梅、情人梅等各种小食品搭配出美味沙拉。另外，乌梅、蜂蜜的用量依据自己的口味调整。

做法

1 乌梅去核，乌梅肉切成非常碎的碎末。

2 小番茄洗净，切小块，放入碗中。

3 将乌梅碎末倒入盛番茄块的碗中，淋入少许蜂蜜。

4 拌匀后，放入冰箱冷藏30分钟，让番茄软化，吸收一下梅子的味道。

杏干小排
（健脾益胃促食）

关键营养素
蛋白质、
膳食纤维

食材

猪肋排400克，杏干80克。

调料

番茄酱、排骨酱各10克，白糖、生抽各5克，花椒2克。

1 杏干不宜放得过早，煮太烂，口感就不好了。

2 这款排骨既可热吃，也可冷藏后食用。

做法

1 将猪肋排斩成寸段，洗净。

2 排骨凉水下锅，加花椒焯水，捞出后过凉。

3 锅中倒底油，下入排骨，煸至表面金黄。

4 放入番茄酱、白糖、生抽翻炒均匀。

5 再放入排骨酱。

6 加入适量清水，炖煮20分钟至排骨酥烂。

7 将杏干洗净，撕开，下入杏干再炖5分钟即可。

扫二维码看
操作视频

关键营养素
蛋白质、
B 族维生素

金汤海参

（提高免疫力）

食材

泡发海参3只，蒸南瓜200克，白玉菇150克。

调料

鸡汤1碗，盐2克，料酒10克，水淀粉、香油各适量。

烹饪 Tips

1 海参也可以切片，海参本身没有味道，需用鸡汤煨至入味。

2 南瓜也可以不用料理机打至顺滑，只是口感略逊。

做法

1 白玉菇去根，用淡盐浸泡10分钟，捞出沥干水分。

2 蒸南瓜放入料理机中打至顺滑。

3 锅中加鸡汤和清水，放入海参、白玉菇煮5分钟。

4 加入南瓜泥不断搅拌。

5 煮开后加入料酒、盐调味。

6 用水淀粉勾薄芡，点香油即可出锅。

香菇山药粥

（提高免疫力）

食材

藜麦20克，鲜香菇2朵，大米、山药、西蓝花各30克。

烹饪 Tips

1 最后也可以加盐等进行调味。

2 煮粥的时候多搅拌，以免煳锅。

做法

1 大米、藜麦分别洗净。

2 香菇、西蓝花洗净，切丁；山药洗净，去皮，切丁。

3 将大米、藜麦放入锅中，加适量清水，大火烧开后转小火焖煮40分钟，至浓稠。

4 放入香菇丁、山药丁、西蓝花丁，再煮5分钟即可。

关键营养素
锌、DHA

鳕鱼粥
（健脑益智）

食材

小米20克，净鳕鱼50克，大米、胡萝卜各30克。柠檬半个。

调料

姜丝5克，盐1克，胡椒粉2克。

烹饪 Tips

鳕鱼中加入柠檬汁，可以去腥味。

做法

1 大米、小米分别洗净。

2 鳕鱼切丁，放入碗中，放入姜丝、盐、胡椒粉拌匀，挤上柠檬汁。

3 大米、小米放入锅中，加适量清水，大火烧开后转小火焖煮40分钟，至浓稠。

4 放入鳕鱼丁，煮1分钟。

5 胡萝卜洗净、切丁，放入锅中，再煮5分钟即可出锅。

牡蛎煎蛋

（健脑益智）

食材

牡蛎400克，鸡蛋4个，韭菜30克，水发木耳30克。

调料

盐3克，淀粉、料酒各10克。

烹饪 Tips

煎蛋时可放少许水，略焗一下，这样蛋不容易焦煳。

做法

1 牡蛎取肉，放入水里，加淀粉轻轻抓洗，冲洗干净后，放入盐水中轻轻抓洗，冲净。

2 牡蛎放入大碗中，加入洗净切末的韭菜、木耳，打入鸡蛋。

3 放入淀粉、盐、料酒搅拌均匀。

4 锅中放油，将牡蛎蛋液倒入锅中，摊平。

5 蛋液凝固，翻面，不要摊太老。水汽蒸发殆尽时即可装盘。

芙蓉蛋卷

（保护视力）

关键营养素

蛋白质、胡萝卜素

做法

1 胡萝卜洗净、切块，和虾仁一起放入料理机打成虾泥。

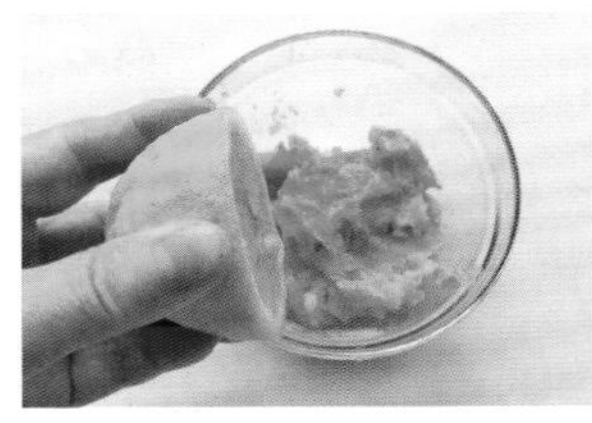
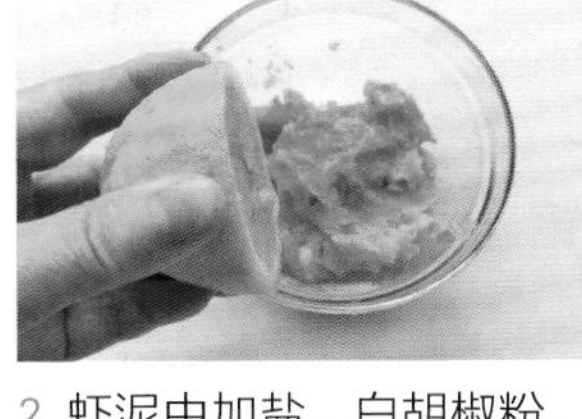

2 虾泥中加盐、白胡椒粉，挤入柠檬汁，拌匀。

3 鸡蛋打散。

4 平底锅内刷上一层薄薄的油，烧热后倒入蛋液，摊成蛋饼。

5 把蛋饼平铺在案板上，稍稍放凉。用小勺舀虾泥，均匀地铺在蛋饼上。

6 卷成蛋卷，可抹水淀粉封口。

7 上锅隔水蒸10分钟即可。

食材

鸡蛋2个，虾仁50克，胡萝卜30克，柠檬半个。

调料

盐1克，白胡椒粉、水淀粉各适量。

1 馅料多一点也无妨，吃起来不会腻口。

2 蒸制时间要看蛋卷的大小。还可以根据口味多卷上一层紫菜。

松仁玉米

（保护视力）

扫二维码看
操作视频

关键营养素

胡萝卜素、
膳食纤维

食材

玉米粒200克，松仁30克，胡萝卜、鲜豌豆粒各50克。

调料

香葱末5克，盐3克，白糖8克。

烹饪 Tips

松仁一定要起锅时再加入，才能保持酥脆口感。

做法

1 胡萝卜洗净，切丁；鲜豌豆粒洗净。

2 锅中加清水，放入玉米粒、豌豆粒煮至八成熟，盛出备用。

3 炒锅烧至温热，放入松仁干炒至略变金黄、出香味，盛出备用。

4 炒锅中倒入油烧热，加香葱末煸出香味，放入玉米粒、豌豆粒、胡萝卜丁翻炒至熟。

5 调入盐和白糖，翻炒均匀后加入松仁炒匀即可。

扫二维码看操作视频

奶酪鸡翅

（增高助长）

食材

鸡翅6个，柠檬半个，奶酪2片。

调料

盐、胡椒粉各2克。

烹饪 Tips

奶酪含盐，有咸味，注意盐的用量。

做法

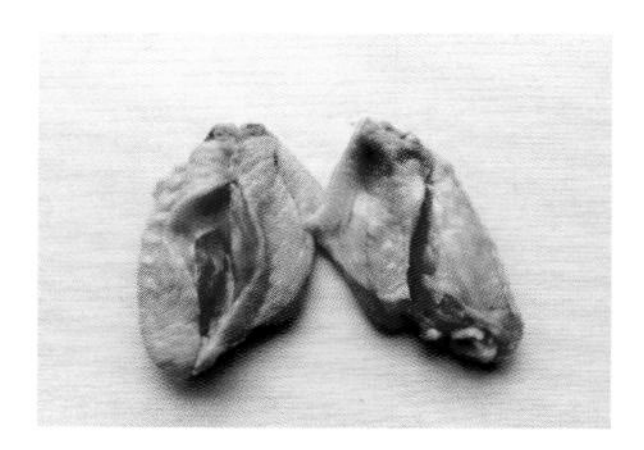

1 鸡翅洗净，正反两面各划一刀；柠檬切片。

2 鸡翅放入碗中，调入盐、胡椒粉，加入柠檬片，腌制2小时。

3 锅中放油，下鸡翅煎至两面金黄。

4 倒入清水，没过鸡翅一半，炖至软烂。

5 奶酪切条，放在鸡翅上，小火收干汤汁，待奶酪化即可出锅。

乌豆排骨汤
（增高助长）

食材
黑豆50克，排骨400克。

调料
盐3克，葱段、姜片各5克。

关键营养素
蛋白质、铁

做法

1 黑豆提前用清水泡6小时以上；排骨洗净，斩块。

2 将排骨块与凉水一起下锅，大火煮开，撇去浮沫。

3 加入黑豆、葱段、姜片。

4 转小火，煲2小时左右，加盐调味即可。

烹饪 Tips
这款汤原汁原味，如果想让滋味多种变化，可依喜好加入山药、香菇、笋片等。

五豆豆浆

食材

黄豆30克，黑豆、青豆、花豆、芡实各10克。

调料

蜂蜜或红糖适量。

做法

1 将所有食材洗净，泡4小时，放入豆浆机中，加适量水，按“豆浆”键。
2 打好后调入蜂蜜或红糖即可。

奶香花生浆

食材

红皮花生50克，大米20克，牛奶200克。

做法

1 提前将花生和大米浸泡3小时以上。
2 将泡好的花生和大米放入豆浆机中，按“豆浆”键。
3 用滤网滤去渣滓，调入牛奶即可。

山药黑芝麻糊

食材

山药100克，熟黑芝麻30克，糯米50克。

调料

冰糖适量。

做法

1 糯米洗净；山药洗净，去皮，切丁。

2 将山药丁、黑芝麻、糯米放入豆浆机中，加水，按“米糊”键打糊，调入冰糖即可。

苹果西芹胡萝卜汁

食材

胡萝卜1根，苹果1个，西芹2根。

做法

1 胡萝卜、苹果、西芹洗净，苹果去皮及核、切块，胡萝卜切块，西芹切段。

2 将所有食材放入榨汁机中，加适量水打汁即可。

火龙果汁

食材

红心火龙果1个。

做法

1 火龙果去皮，切块。

2 火龙果放入榨汁机中，不用加水，打汁拌匀即可。

香蕉雪梨奶昔

食材

雪梨1个，香蕉1根，酸奶200克。

做法

1 香蕉去皮，切块；雪梨洗净，去皮、核，切小块。

2 将雪梨块、香蕉块放入榨汁机中，加酸奶搅拌成稠汁即可。